KB263317

쥘 베른이 들려주는 미래의 과학 기술 이야기

줄 베른이 들려주는 미래의 과학 기술 이야기

ⓒ 김충섭, 2012

초판   1쇄 발행일 | 2012년 4월 4일
초판 12쇄 발행일 | 2023년 8월 1일

지은이 | 김충섭
펴낸이 | 정은영
펴낸곳 | (주)자음과모음

출판등록 | 2001년 11월 28일 제2001-000259호
주   소 | 10881 경기도 파주시 회동길 325-20
전   화 | 편집부 (02)324-2347, 경영지원부 (02)325-6047
팩   스 | 편집부 (02)324-2348, 경영지원부 (02)2648-1311
e-mail | jamoteen@jamobook.com

ISBN 978-89-544-2232-1 (44400)

쥘 베른이 들려주는

미래의
과학 기술 이야기

| 김충섭 지음 |

|주|자음과모음

청소년을 위한
'미래의 과학 기술' 이야기

인류 역사상 가장 큰 변화를 가져온 과학 기술은 18세기에 등장한 증기 기관입니다. 증기 기관의 발명으로 인류는 인력과 가축의 힘에 의존하던 수준에서 탈피하여 강력한 기계의 힘을 이용함으로써 산업 혁명이라는 놀라운 진보를 이루게 되었으니까요. 기계를 이용하여 상품을 대량 생산하고, 증기 기관으로 움직이는 열차나 배로 화물을 대량 수송할 수 있게 되었습니다. 이에 힘입어 인구도 폭발적으로 증가하였습니다.

20세기에는 더욱 엄청난 과학 발전이 이루어졌습니다. 물질의 근원인 원자의 탐구로부터 시작된 과학 혁명은 전기, 전자, 항공 등 다양한 과학 기술분야로 확산되어 놀라운 진보를 이루었습니다. 비행기와 로켓의 발명으로 시작된 항공 우주 공학, 유전자의 발견으로 시작된 생명 공학, 컴퓨터의 발명으로 시작된 정보 통신 기술의 발전 등 수많은 과학 기술이 세상을 놀랍게 바꾸어 왔습니다.

미래에는 또 어떤 과학 기술이 등장하여 우리의 삶을 바꾸어 놓을지 한편으로는 기대되고, 다른 한편으로는 그 변화에 어떻게 적응해 갈지 두렵기도 합니다.

미래의 예측은 운명론자나 점술사들이 하는 것이 아닙니다. 과학 기술의 미래를 예측하는 것은 비과학이 아니라 과학입니다. 왜냐하면 현재 연구되고 있는 과학 기술과 사람들의 관심사를 종합하여 예측하는 것이기 때문입니다.

가까운 미래에 18세기의 산업 혁명이나 20세기의 과학 혁명 못지않은 과학 기술 혁명이 일어날 것으로 감지됩니다. 이 혁명은 나노 혁명으로 시작되어 정보 통신 혁명, 생물학 혁명 등으로 이어질 것입니다. 이 혁명은 특정한 과학 기술 분야에 한정되지 않고 여러 과학 기술 분야가 융합되어 일어날 것이며, 그 상승 효과로 인해 크게 증폭되어 나타날 것입니다.

김 충 섭

차례

미래를 바꾸는 과학 기술

과학 기술의 발전으로 인류의 생활은 놀라운 속도로 진보해 왔습니다.
앞으로의 과학 기술 변화는 미래를 어떻게 바꾸어 놓을까요?

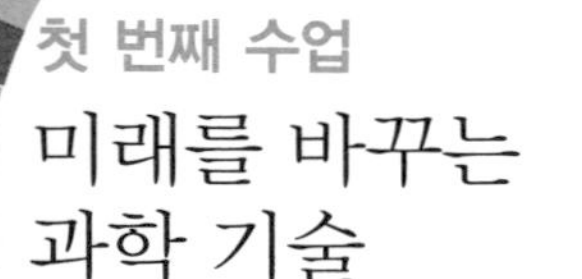

교.	초등 과학 5-2	에너지
과.	중등 과학 1	상태 변화와 에너지
연.	중등 과학 2	물질의 특성
계.	중등 과학 3	물의 순환과 날씨 변화
	고등 과학 1	물질
	고등 과학 1	환경

프랑스 최초의 과학 소설가 쥘 베른이
첫 번째 수업을 시작했다.

안녕하세요. 쥘 베른(Jules Verne, 1828~1905)입니다. 저는 19세기에 프랑스에서 활동했던 소설가입니다. 혹시 제 이름을 들어 본 적이 있나요?

＿《80일간의 세계 일주》를 쓴 작가 아닌가요?

오! 저를 아는 사람이 있군요. 반갑습니다. 저는 일반 소설가와는 조금 다른 소설가, 다시 말해 과학 소설가입니다. 전 프랑스 최초의 과학 소설가라는 자부심을 가지고 있죠.

저는 수십 편의 과학 소설을 썼습니다. 《지구 속 여행》(1864), 《지구에서 달까지》(1865), 《달나라 여행》(1869), 《해

저 2만 리》(1870) 등을 썼는데 혹시 들어 본 적이 있는지요?

__저는 《해저 2만 리》를 여러 번 읽었습니다.

오! 제 책의 애독자도 있었군요. 정말 반갑습니다. 《해저 2만 리》는 잠수함을 타고 신비한 바닷속을 탐험하는 이야기죠. 저는 미래에 잠수함이 만들어질 것을 상상하며 그 책을 썼어요. 1953년에 미국이 세계 최초로 원자력 잠수함을 만들고 제 소설에 등장하는 잠수함인 '노틸러스'로 이름 붙였을 땐 정말 가슴이 뿌듯했지요.

여러분은 이제 저와 함께 미래로 여행을 떠나게 됩니다. 여러분은 여행을 좋아하는지요?

— 네.

저도 여행을 좋아합니다. 저는 특히 미지의 세계로 떠나는 모험 여행을 좋아하죠. 저의 어릴 적 꿈은 멋진 모험가가 되는 것이었습니다. 열두 살 때는 부모님 몰래 배를 타고 모험을 떠났다가 누군가 집에 알려 주는 바람에 다음 항구에서 미리 기다리시던 아버지에게 붙들려 집으로 돌아간 적도 있습니다.

그 사건 이후로 저는 모험가의 꿈을 접어야 했습니다. 그리고 변호사인 아버지의 뜻에 따라 법학을 공부했습니다만, 법학에는 별로 흥미를 느끼지 못했고 문학에 마음이 끌렸습니다. 졸업 후 저는 사업가가 되어 바쁘게 일했는데, 그동안에도 문학에 열정을 갖고 틈틈이 글을 썼습니다.

그러다가 저는 세계 최초의 기구 실험을 하게 되었습니다. 기구 관련 자료를 조사하던 중 제 안에서 잠자고 있던 모험심이 다시 꿈틀거렸습니다. '그래! 기구를 타고 떠나는 모험 이야기를 써 보자!' 이렇게 해서 《기구를 타고 5주일 동안》이라는 저의 첫 번째 과학 소설이 탄생했습니다. 그런데 뜻밖에도 독자들의 반응이 아주 좋아서 출판사의 요청으로 다른 과학 소설들을 쓰게 되었지요. 그 책들도 반응이 좋았습니다. 그래서 저는 과학 소설가의 길을 걷게 되었고, 어느덧 유명

작가가 되었습니다.

사람의 미래란 정말 알 수 없죠? 저는 모험을 좋아했으나 모험가가 되지 못했습니다. 과학에 대해 관심은 있었지만 과학자가 될 생각은 하지 않았습니다. 전 뒤늦게 문학에 열정을 갖고 문학가가 되려 했는데, 뜻밖에 과학 소설가가 된 거예요.

과학 소설은 문학적 소양을 갖추고 있고 또 상상력이 풍부하다고 쓸 수 있는 것은 아닙니다. 과학 소설은 과학에 그 바탕을 두어야 합니다. 그렇지 않으면 내용이 공허하고 허황되게 비쳐서 독자들이 공감하지 못합니다. 저는 독자들이 실감나게 읽을 수 있도록 철저하게 자료 조사를 하고 전문 과학자 못잖은 과학 지식을 바탕으로 글을 썼습니다.

과학 소설 또는 공상 과학 소설(SF, Science Fiction)은 제가 개척한 장르입니다. 저는 과학 소설의 아버지로 불리죠. 과학 소설가는 저의 관심사와 재능이 딱 들어맞는 직업이었습니다. 마침내 저는 제게 가장 잘 맞는 분야를 찾아낸 것이죠.

제가 '미래의 과학 기술' 수업을 맡게 된 것도 저의 이런 역량을 알아준 것 아니겠어요? 이야기가 자꾸 제 자랑이 되네요. 여러분도 자신의 재능을 잘 발휘할 수 있는 분야를 찾기 바라며 '미래의 과학 기술' 이야기를 시작하겠습니다.

먼저 '과학 기술'이 무엇인지 알아보도록 하죠. '과학 기술'이란 과학과 기술을 함께 호칭하는 용어입니다. 인류 문명은 과학 기술의 발전과 떼어 놓고 생각할 수 없습니다. 과학 기술의 발전이 인류의 생활과 역사를 바꾸어 왔기 때문이죠.

그러면 과학과 기술은 언제 나타났을까요? 인류가 과학과 기술을 이용하기 시작한 시기는 서로 다릅니다. 그렇다면 인류는 과학과 기술 중 어느 것을 먼저 이용하였을까요?

__ 과학이 먼저고 기술이 나중 아닌가요?

그렇게 생각하기 쉽지만 기술이 먼저입니다. 인류가 기술을 이용한 역사는 매우 오래되었습니다. 인류가 지구 상에 처음 등장했을 때 인류의 생활은 동물과 별반 다를 게 없었습니다. 원시 수렵 생활을 하던 인류가 불을 피우고 다루는 기술을 발전시키면서 문명의 길로 들어서게 된 것이지요.

인간이 불을 발견하여 이용하기 시작한 때는 지금으로부터 약 50만 년 전으로 추정됩니다. 처음에 불은 몸을 따뜻하게 하고 날것을 익혀 먹고 사나운 동물을 쫓는 데 이용하였죠. 그러다가 불을 피우고 다루는 기술이 발전하면서 그릇을 굽

고 금속을 제련하는 데 이용하기 시작합니다. 이러한 기술의 개발로 인간은 생활에 필요한 여러 가지 도구를 만들 수 있게 되죠.

인간은 그 외에도 많은 기술을 개발하여 생활에 활용하였어요. 예를 들어 가축을 길들이는 기술, 의복을 만드는 기술, 음식을 만들고 저장하는 기술, 집 짓는 기술, 농사를 짓는 기술, 농지를 개간하고 측량하는 기술 등 매우 다양합니다. 이러한 기술에 힘입어 인간은 수십만 년에 걸친 오랜 원시 생활을 끝내고 문명의 길로 들어서게 되었죠.

하지만 인간을 문명으로 이끈 기술도 자연을 바라보는 인간의 시각을 바꾸어 놓지는 못했습니다. 예를 들어 당시 사람들은 병을 치료하기 위해 주술을 이용했고, 지진이나 해일, 가뭄과 같은 재난을 만나면 이것을 신의 진노로 여겨서 천신이나 해신에게 제물을 바쳤습니다. 이러한 행위는 인간이 다양한 기술을 발전시켜 왔지만 여전히 비합리적인 생각에서 벗어나지 못했음을 말해 줍니다. 자연은 신들에 의해서 움직이는 것이 아니라 스스로의 법칙에 따라 운행되는 것임을 인식하고 받아들이기까지 다시 수천 년의 세월이 지나야 했습니다.

학자들은 과학의 탄생 시기를 기원전 6세기경의 고대 그리

스 시대로 보고 있습니다. 변덕스러운 신들이 자연을 변화시
킨다고 믿었던 신화적 자연관에서 벗어나, 자연을 스스로의
법칙에 따라 운행되는 존재로 인식하는 사람들이 이 무렵 나
타났기 때문입니다.

자연 철학자라 불리는 이들은 신들의 진노로 설명되던 천
둥이나 번개, 지진, 해일과 같은 현상들을 새로운 자연관에
따라 설명하기 시작했습니다. 이들은 다른 사람의 이론의 문
제점을 찾고 비판하면서 보다 합리적인 설명을 찾기 위해 노
력했습니다.

과학은 자연의 법칙이나 사물의 원리를 체계적으로 연구하
고 밝히는 것입니다. 예를 들어 뉴턴의 만유인력의 법칙이나
멘델의 유전 법칙, 아인슈타인의 상대성 이론 등은 과학입니
다. 쉽게 말하자면 학교에서 배우는 물리학, 화학, 생물학,
지구 과학 등에서 다루는 주제들이 과학입니다.

고대 그리스인들로부터 시작된 고대의 과학은 곧 한계에
부딪힙니다. 이를테면 이들은 만물이 무엇으로 이루어졌는
가를 둘러싸고 논쟁을 벌였는데, 탈레스는 만물이 물로 되어
있다고 주장했고 헤라클레이스토스는 불이 만물의 근원이라
고 했지요. 또, 데모크리토스는 오늘날 우리가 알고 있는 바
와 같이 만물이 원자로 이루어졌다고 주장했지만, 사람들은

만물이 4원소(물, 불, 흙, 공기)로 구성된다는 아리스토텔레스의 설명을 받아들였습니다.

지금 생각하면 어처구니없는 일이지만, 당시로서는 어느 이론이 옳은지 검증할 수단이 없었습니다. 또한 과학 이론의 옳고 그름은 인간의 이성과 논리로만 판단할 문제가 아니라는 것을 깨닫지 못했기 때문입니다.

과학이 비약적인 도약의 발판을 마련하게 된 건 관찰과 실험을 통해서 과학 이론이 검증되어야 한다는 원칙이 도입된

17세기 이후의 일입니다. 이러한 원칙을 세운 사람은 갈릴레오 갈릴레이입니다.

갈릴레이는 물체의 낙하 속도가 질량에 따라 다르다는 기존의 학설을 부정하고, 질량이 다른 두 물체를 높은 곳에서 떨어뜨리는 비교 실험을 하여 두 물체의 낙하 속도가 같다는 것을 보여 주었습니다.

따라서 과학의 역사는 약 2500년을 거슬러 올라가지만, 과학이 체계적으로 발전하기 시작한 것은 불과 400년밖에 되지 않는다고 할 수 있습니다.

과학과 기술의 차이점

이제 과학과 기술은 그 기원부터 다르다는 사실을 알 수 알겠죠? 그러면 과학과 기술이 서로 어떻게 다른지 알아볼까요?

과학이 사물이나 자연 현상의 규칙성을 발견하는 것이라면, 기술은 이러한 규칙성을 이용하여 유용한 어떤 것을 만드는 것입니다. 다시 말해 과학은 실생활과 직접 관련이 없는 반면, 기술은 실생활에 직접 영향을 미치게 됩니다.

예를 들어 뉴턴의 만유인력의 법칙은 물체가 땅으로 떨어

지고 지구가 태양의 주위를 도는 이유를 설명해 주지만 이러한 설명이 우리의 생활 양식을 바꾸어 놓지는 못합니다. 하지만 뉴턴의 과학 이론을 적용하여 개발된 기술은 산업 혁명을 일으켜 인류의 생활을 완전히 바꾸어 놓았습니다.

기술은 과학을 기초로 하여 발전합니다. 고대의 기술들은 과학의 도움 없이도 개발되고 발전되었지만, 현대나 미래의 첨단 기술은 과학의 도움 없이는 발전하기 어렵습니다. 많은 경우 기술은 과학과 밀접하게 연결되어 있습니다. 예를 들면, 발전기나 전동기는 패러데이의 전자기 유도 법칙을 기술로 구현한 것이며, 오늘날 자동차와 컴퓨터, 원자 현미경에 이르기까지 우리가 일상에서 접하는 거의 모든 문명의 이기들은 모두 과학을 바탕으로 발전시킨 기술입니다.

물론 기술의 발전이 항상 과학의 발전을 따라가는 것은 아닙니다. 고려 시대에 만든 팔만대장경을 보관하는 데에 현대의 보관 기술이 해인사 장경판전보다 못하다는 사실이 판명되기도 했습니다. 이러한 사실은 팔만대장경을 만들 당시 과학 수준은 현재보다 뒤떨어졌을지 몰라도 목판 보관 기술은 더 뛰어났음을 말해 줍니다. 이런 이유로 해인사 장경판전은 1995년에 유네스코의 세계 문화 유산으로 지정된 바 있습니다.

오늘날에는 기술의 발전 속도가 점점 빨라지면서 과학과

기술의 차이도 줄어들어 그 차이를 구분하기 어려운 영역도 생겨나고 있습니다. 예를 들어 미래의 기술로 주목받는 나노 기술은 과학적인 규명과 실용화를 위한 연구가 함께 이루어지고 있습니다. 이 때문에 과학과 기술을 합쳐서 과학 기술이라고 부르기도 하지요.

미래에 각광받게 될 과학 기술은?

미래에 어떤 과학 기술이 등장할지 미리 예측할 수 있을까요?

__글쎄요. 가까운 미래라면 가능할지도…….

미래의 일을 예측하기는 어렵습니다. 하지만 미래의 과학 기술을 예측하는 일은 자신의 운명을 예지하는 것과는 다른 일입니다.

저는 미래를 배경으로 한 과학 소설을 많이 썼는데, 제 소설에 등장하는 잠수함과 로켓, 비행기 등은 제가 소설을 쓰고 난 뒤에 발명된 것입니다. 어떤 사람들은 20세기 과학 기술이 저의 꿈을 뒤좇아 왔다고 말하기도 하죠.

어떻게 이런 일이 가능했을까요? 저의 과학 소설은 단순한

상상과 공상이 아니라, 과학에 바탕을 두고 있었기 때문입니다. 저는 도서관과 박물관, 학계의 전문 잡지 등을 충분히 조사한 후에 글을 썼습니다.

현재의 과학 기술의 발전 수준을 보면 미래의 과학 기술을 예측할 수 있습니다. 일반적으로 과학은 기술에 선행되며, 과학이 기술로 이어지기까지는 어느 정도 시간이 걸립니다. 따라서 현재의 과학의 관심사나 발전 정도를 알면 미래에 어떤 기술이 등장할지 예측할 수 있는 것입니다.

빠르게 발전하는 과학 기술이 미래를 어떻게 바꾸어 놓을지 생각만 해도 마음이 설레네요. 만약 여러분이 10년이나 50년 후의 미래로 간다면 세상은 어떻게 변해 있을까요?

__ 모든 것이 자동이고 편리하지 않을까요?

그래요. 미래에는 모든 것이 보다 편리해져 있을 거예요.

미래에는 어떤 과학 기술이 각광받을까요? 미래를 주도할 과학 기술로는 나노 과학 기술, 정보 과학 기술, 생명 과학 기술, 환경 과학 기술, 우주 항공 과학 기술, 로봇 과학 기술 등이 손꼽힙니다.

예를 들어 나노 과학 기술은 나노미터(10^{-9}미터) 크기, 다시 말해 물질의 최소 단위인 원자나 분자 수준에서 물질을 만들고 이해하는 과학 기술입니다.

입자의 크기가 이 정도로 작아지면 물질의 성질이 바뀌어 지금까지와는 전혀 다른 성질을 갖는 새로운 물질을 만들 수 있습니다. 탄소 나노 튜브나 그래핀은 이렇게 만들어진 물질로, 탄소 나노 튜브는 강철보다 100배나 강하여 우주 엘리베이터의 케이블로 사용될 수 있다고 합니다.

지구의 정지 궤도상에 거대한 인공위성을 띄우고, 지표면에서 그 위성까지 케이블로 연결한 다음 엘리베이터로 물건을 운송하는 우주 엘리베이터는 나노 과학 기술 덕분에 실현 가능성이 보이고 있습니다.

정보 과학 기술은 정보를 가공하거나 저장하고, 또 전송하거나 수신하는 정보 유통 과정에 사용되는 일체의 과학 기술입니다.

언제 어디서나 시간과 장소에 상관없이 네트워크에 접속할 수 있는 유비쿼터스 환경이 실현되어, 직장에 있으면서 가정일을 할 수 있고 가정에 있으면서 직장의 일을 할 수 있어서 시간과 공간의 제약에서 해방시켜 줄 것입니다.

우리가 사용하는 모든 도구들이 유무선 네트워크로 연결되어 컴퓨터와 원격 조정으로 제어되게 될 것입니다. 이러한 기기들은 인공 지능을 갖추어 스스로 정보를 수집하고 처리하며, 우리와 통신하여 받은 명령을 처리하게 될 것입니다. 또

이 기기들은 인간의 말뿐 아니라 뇌파를 이용함으로써 생각만으로도 작동될 수 있게 됩니다.

생명 과학 기술은 생명 현상을 이해하고 인류와 관련된 생물학적 문제를 해결하기 위한 과학 기술입니다. 유전자 조작 기술을 바탕으로 질병의 원인을 근본적으로 제거하는 기술이나 외골격, 이종 장기 등의 기술 개발을 통해 무병장수의 꿈을 실현시켜 줄 것으로 기대됩니다.

환경 과학 기술은 지구 환경 보존과 개선을 위한 과학 기술로, 화석 에너지 고갈과 지구 온난화 문제로 인해 미래에 특히 주목받는 과학 기술 분야입니다. 환경 오염을 줄여서 환경 파괴를 막는 환경 친화적인 과학 기술 개발을 지향하게 될 것입니다.

우주 항공 과학 기술은 하늘을 날고 또 우주를 향해 나가고 자 하는 인류의 염원을 담고 있는 과학 기술입니다. 현재 포화 상태에 있는 지구 표면을 떠나 달이나 이웃 행성을 향해 나가는 과학 기술을 발전시키게 될 것입니다.

로봇 과학 기술은 기계 조립에 사용되는 산업 로봇을 넘어서, 궁극적으로 인간의 대리자로서 인간의 역할이나 기능을 대신해 줄 인조 인간을 실현하는 방향으로 진행될 것입니다.

지금까지 개략적으로 알아본 것들이 미래 과학 기술의 전부는 아니며 더 많은 과학 기술들이 우리의 미래를 바꾸어 놓을 것입니다. 우리는 다음 시간부터 미래를 이끌어 갈 과학 기술들을 하나하나 자세히 알아볼 것입니다.

미래의 과학 기술은 융합 과학 기술

미래에는 어떤 특정 과학 기술이 다른 과학 기술을 선도하기보다 여러 과학 기술이 융합된 융합 과학 기술이 각광받을 것으로 보입니다.

　　융합 과학 기술이란 서로 다른 과학 기술이 결합하여 새로운 제품이나 서비스를 창출하거나 기존 제품의 성능을 향상시키는 과학 기술을 일컫는 것입니다.

　　예를 들어 나노 과학 기술은 생명 과학이나 의학 분야에서 중요한 역할을 할 수 있습니다. 예를 들어 암세포를 죽이는 데 사용되는 항암제는 건강한 세포에도 손상을 주는데, 나노 수준에서 이를 제어함으로써 이런 문제가 해결될 수 있습니다.

　　나노 과학 기술이 생명 과학 기술이나 로봇 과학 기술과 융합되면 나노 크기의 기계를 만들어서 바이러스를 퇴치할 수도 있을 것입니다. 치료하기 어려운 인체의 질병은 주로 바이러스가 일으키는데 바이러스는 나노미터 크기입니다. 나노 기계가 혈관 속을 돌아다니며 나노 수준에서 이상 유무를 검사하고 필요하면 수술을 할 수도 있을 것입니다.

　　또 나노 기술이 정보 과학 기술과 융합하면 각종 정보 통신 장비들을 극소형화할 수 있습니다. 예를 들어 컴퓨터, 휴대폰, 텔레비전, 비디오 등 원하는 기기들을 모두 탑재하고 크기도 손목시계처럼 작게 만들어 휴대가 간편해질 것입니다. 각종 센서가 내장되어 자동으로 정보를 인식하고 전달하고 저장하며 원하는 일들을 빠르고 쉽게 처리할 수 있을 것입니다. 전력 소모도 적고 무선으로 자동 충전되어 배터리가 방전되는 일 없이 무제한으로 사용할 수 있게 될 것입니다.

이와 같이 서로 다른 과학 기술들이 융합되면 상승 효과가 나타나 더욱 놀랍고 새로운 과학 기술을 얻을 수 있습니다. 이 때문에 미래에는 두 가지 이상의 과학 기술을 서로 융합하여 다양한 과학 기술로 발전시킬 것으로 전망됩니다.

우리의 생활을 바꾸어 놓을 미래의 발명품

미래에는 각종 과학 기술과 융합 과학 기술을 바탕으로 좀 더 편리하고 빠르고 안락하고 뛰어난 제품들이 다양하게 쏟아져 나올 것입니다. 미래에는 꿈속에서만 그릴 수 있었던 제품도 나올지도 모릅니다.

여러분은 미래에 어떤 것이 개발되었으면 좋겠어요?

__ '죽지 않는 약'이오.

오! 그런 약이 나오면 정말 좋겠군요. 그런데 유감스럽게도 먼 미래에도 그런 약은 개발되기 어려울지도 모릅니다. 하지만 미래에 늙지 않고 건강하게 살게 될 가능성은 높습니다. 미래에는 질병 예방과 진단 시스템이 발전하여 현재보다 더욱 건강한 삶을 누릴 수 있게 될 것이기 때문입니다. 예를 들

어 휴대용 장치나 홈 네트워크 장치로 실시간으로 생체 정보를 모니터링하게 됩니다. 의료 기관과 연결하여 건강을 관리하는 U-헬스 케어 서비스가 보편화되고, 외골격과 이종 장기 등이 개발되어 장애나 수명이 다한 장기를 대신하게 됨으로써 건강한 삶을 살도록 도와줄 것입니다.

미래에는 일상 생활도 놀랍게 변할 것입니다. 초고속으로 달리는 교통 수단이 발전하여 시간적·공간적 제약이 없어질 것입니다. 자동으로 운전되는 지능형 자동차와 초고속으로 달리는 자기 부상 열차, 초고속으로 물 위를 나는 위그선(WIG craft)이 등장하여 육해공 어디서나 빠르게 이동할 수 있으며, 극초음속 비행기의 등장으로 세계가 1일 생활권이 될 것입니다.

새로운 에너지원의 개발과 친환경 에너지의 사용이 보편화되어 기름 값이나 환경 오염 걱정 없이 안락한 도시 생활을 누릴 수 있을 것입니다. 또, 외국어 통역기와 같은 장비가 보편화되어 외국인과 대화하는 데에도 불편함이 없어져서 세계를 자유롭게 돌아다니는 등, 생활 양식에 획기적인 변화가 일어날 것입니다.

미래에 해결해야 할 과제

하지만 미래가 온통 장밋빛일 수만은 없습니다. 풍요로운 미래를 맞으려면 먼저 해결해야 할 과제들이 있습니다.

가장 큰 과제는 석유와 천연가스, 석탄 등의 화석 에너지원이 바닥나고 있어서 하루빨리 이를 대체할 수 있는 에너지를 개발해야 한다는 것입니다. 이 문제를 해결하지 않으면 인류는 크나큰 어려움에 처하게 됩니다.

또 다른 문제는 지구 온난화로 대표되는 환경 문제입니다.

지구 온난화는 화석 연료에서 방출되는 온실가스와 관련이 있으므로 에너지 문제와도 연관됩니다. 따라서 대체 에너지 개발과 함께 해결해야 되는 문제가 되고 있습니다.

그 밖에도 강수량 부족과 과다한 물 사용으로 인한 물 부족 문제와 식량 부족 문제가 있습니다. 이러한 문제들은 현재로서는 해결하기에 어려움이 많지만 결국 극복될 것입니다. 미래의 과학 기술에는 이런 문제를 극복하는 것도 포함되어 있기 때문입니다. 그리고 이런 문제를 극복하지 못한다면 인류가 아무리 뛰어난 과학 기술을 개발한다고 해도 생존에 크나큰 위협을 받게 될 것이기 때문입니다.

과학 기술의 발전이 몰고 올 미래에는 부정적인 면도 있을 수 있습니다. 예를 들어 맞춤형 의료 서비스에서 게놈 분석 서비스의 경우 인간을 구분 짓는 윤리적 문제를 야기할 수 있습니다. 따라서 기술의 오용 가능성을 항상 경계해야 하며, 이를 위해 제도적 장치나 사람들의 의식 변화가 수반되어야 합니다. 그래야만 새로운 기술이 열어 줄 희망찬 미래를 누릴 수 있을 것입니다.

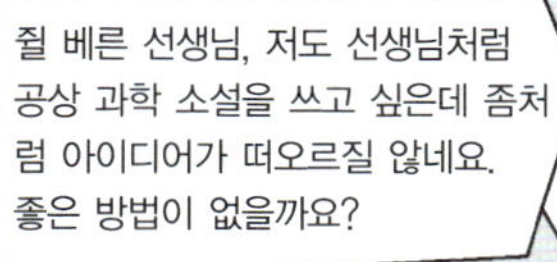

쥘 베른 선생님, 저도 선생님처럼 공상 과학 소설을 쓰고 싶은데 좀처럼 아이디어가 떠오르질 않네요. 좋은 방법이 없을까요?
흠, 그래요? 그럼 우선 미래에 어떤 과학 기술이 등장할지 알아야 하지 않을까요?
음……, 어렴풋이 알 것 같긴 한데, 정확히 과학 기술이 뭔가요?
과학은 자연의 법칙이나 사물의 원리를 체계적으로 연구하고 밝히는 것이고, 기술은 그것을 생활에 활용하는 방법이라고 할 수 있죠.
과학
물리학
화학
지구 과학
생물학 등..
기술
농업 기술
임학 기술
축산 기술
제조 기술
화학 공업 기술 등..

아, 알겠어요. 그럼 미래에는 어떤 과학 기술이 등장할지 알 수 있을까요?
가까운 미래라면 가능하죠. 나노 과학 기술, 정보 과학 기술, 생명 과학 기술, 환경 과학 기술, 우주 항공 과학 기술, 로봇 과학 기술 등이 미래를 지배할 과학 기술로 손꼽히고 있어요.
나노 과학 기술
정보 과학 기술
생명 과학 기술
환경 과학 기술
우주 항공 과학 기술
로봇 과학 기술
미래를 지배할 과학 기술

하지만 미래엔 이런 과학 기술이 따로따로 발전되는 것이 아니라 서로 융합되어 상승 효과를 가져올 수 있는 융합 과학 기술 형태로 발전될 거예요.
비빔밥처럼 합쳐져서 더 좋아지는 것이군요.
그래 모이자.
얘들아, 모이자.
정보 과학 기술
생명 과학 기술
나노 과학 기술
융합 과학 기술
로봇 과학 기술
환경 과학 기술
우주 항공 과학 기술
맞아, 우리가 모이면 더 큰 상승 효과가 난다고~.

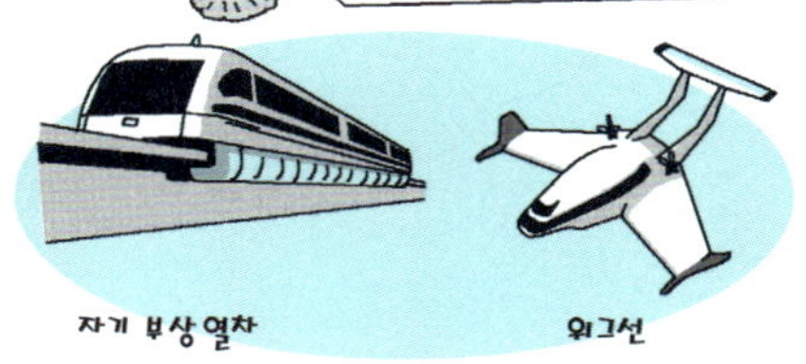
음, 그래도 그런 과학 기술이 우리의 생활을 어떻게 바꾸어 놓을지 잘 상상이 안 가요.
예를 좀 들어 볼까요? 초고속 교통 수단이 개발되고, 새로운 에너지가 사용될 것이며, 통역 장비로 각 나라의 언어 문제가 없어지고, 의료 기술의 발달로 질병도 많이 사라질 거예요.
자기 부상 열차
와그선

하지만 해결해야 할 문제들도 많아요. 화석 에너지의 고갈 문제, 지구 온난화 등의 환경 문제, 게놈 분석으로 인한 윤리적 문제 등 많은 문제들이 있지요.
그렇다면 과학 기술과 함께 이런 문제도 연구해야겠네요.
화석 에너지의 고갈 문제
지구 온난화 등의 환경 문제
게놈 분석으로 인한 윤리적 문제 등

보이지 않는 세계를 다루는
나노 과학 기술

눈에 보이지 않을 만큼 작은 수인 나노,
이 나노 과학 기술로 인간이 어떤 변화를 겪게 될지 살펴봅시다.

보이지 않는 세계를
다루는 나노 과학 기술

교.	중등 과학 1	분자의 운동
과.	중등 과학 2	물질의 특성
연.	고등 과학 1	물질
계.		

이번 시간에는 미래를 바꾸어 놓을 첫 번째 과학 기술로서
나노 과학 기술에 대해서 알아보도록 하겠습니다.

혹시 '나노(nano)'가 무슨 뜻인지 알고 있나요?

__ '작다'는 뜻 아닌가요?

물론 '나노'는 작은 것과 관계가 있습니다. '난쟁이'를 뜻하
는 그리스어 '나노스(nanos)'에서 유래되었으니까요.

‘나노’는 ‘국제단위계’에서 사용하는 접두어입니다. 그런데 ‘국제단위계’는 무엇일까요?

__국제 공통으로 사용하는 단위계입니다.

그렇습니다. 물리량의 크기를 나타낼 때는 단위를 표시해야 합니다. 그러지 않으면 단순한 숫자에 불과할 뿐 의미가 없습니다.

그러면 ‘접두어’란 무엇일까요?

__‘다른 낱말 앞에 붙여서 사용하는 낱말’입니다.

맞습니다. 국제단위계에도 단위 앞에 붙여서 사용하는 접두어가 있는데 이것을 국제단위계 접두어라고 합니다. 그중 어떤 것을 알고 있나요?

__‘나노’ 밖에 모르는데요.

아니요, 알고 있습니다. 밀리미터(mm)와 마이크로미터(μm)를 알죠? 여기서 ‘미터’는 길이의 기본 단위예요. 그러면 ‘밀리(m)’와 ‘마이크로(μ)’는 무엇일까요?

__접두어?

그렇습니다. 국제단위계 접두어를 기본 단위 앞에 붙이면 기본 단위보다 10배, 100배, 1000배, … 등으로 크거나 1/10 배, 1/100배, 1/1000배, … 등으로 작은 단위가 됩니다.

국제단위계 접두어

명칭	기호	곱할 인자
요타 (yotta)	Y	10^{24}
제타 (zetta)	Z	10^{21}
엑사(exa)	E	10^{18}
페타(peta)	P	10^{15}
테라(tera)	T	10^{12}
기가(giga)	G	10^{9}
메가(mega)	M	10^{6}
킬로(kilo)	k	10^{3}
헥토(hecto)	h	10^{2}
데카(deka)	da	10^{1}
데시(deci)	d	10^{-1}
센티(c)	c	10^{-2}
밀리(milli)	m	10^{-3}
마이크로(micro)	μ	10^{-6}
나노(nano)	n	10^{-9}
피코(pico)	p	10^{-12}
펨토(femto)	f	10^{-15}
아토(atto)	a	10^{-18}
젭토 (zepto)	z	10^{-21}
욕토 (yocto)	y	10^{-24}

앞의 표는 국제단위계에서 사용하는 접두어입니다. 센티는 1/100배, 밀리는 1/1000배를 나타내는 접두어입니다.

나노는 몇 배를 나타낼까요?

__ 1/10억 배입니다.

맞습니다. 나노는 가장 작은 양을 나타내는 접두어는 아닙니다. 더 작은 양을 나타내는 접두어로 피코(p), 펨토(f), 아토(a), … 등이 있습니다.

큰 양을 나타내는 접두어로는 킬로(k), 메가(M), 기가(G) 등이 있습니다. 킬로(k)는 1000배, 메가(M)는 킬로의 1000배, 기가(G)는 메가의 1000배를 나타냅니다.

흔히 정보량의 단위로 쓰이는 바이트(B, Byte)는 다들 알고 있죠?

— 네.

그러면 메가바이트(MB)와 기가바이트(GB)는 어떤가요?

—1MB는 1000kB, 1GB는 1000MB입니다.

대략 맞습니다만 주의할 것이 있어요. 정보량의 단위는 2진법을 사용하여 1kB는 1000Byte가 아니라 $1kB=2^{10}Byte$, 다시 말해 1kB=1024Byte로 정의하여 쓰고 있습니다. 따라서 1MB=1024kB, 1GB=1024MB가 됩니다.

눈에 보이지 않는 세계, 나노

1나노미터(nm)는 어느 정도로 작을까요? 1나노미터는 1미터의 1/1000의 1/1000의 1/1000, 다시 말해 1/10억 미터입니다. 이 길이는 머리카락 굵기의 약 1/10만에 해당합니다. 당연히 우리 눈에 보이지 않는 크기입니다.

우리는 눈으로 세상을 보지만 눈에 보이는 것이 전부는 아닙니다. 눈에 보이지 않는 세계도 있으니까요. 아니, 그보다는 세상은 눈에 보이지 않는 것들로 이루어져 있다고 해야 될

지도 모릅니다. 물질은 눈에 보이지 않는 원자나 분자로 구성되니까요. 원자의 지름은 너무 작아서 1/10나노미터 정도입니다. 너무나 작아서 도저히 눈으로 볼 수 없습니다. 원자를 10억 개 정도 쌓아야 1센티미터가 됩니다.

우리 몸을 이루고 있는 세포도 눈에 보이지 않습니다. 우리 몸은 수십조 개의 세포로 이루어져 있는데, 세포를 보려면 현미경을 사용해야 합니다. 세포 역시 많은 수의 원자나 분자로 이루어집니다.

나노 과학 기술은 나노미터 크기의 물질을 연구하고 다루는 과학 기술입니다. 일반적으로 100나노미터 이하의 크기를 연구합니다. 이렇게 작은 크기는 우리 눈에 보이지 않습니다. 과학자들은 왜 눈에 보이지도 않는 작은 것을 연구할까요?

＿물체를 더 작게 만들기 위해서요.

그렇죠. 오늘날 우리가 사용하는 컴퓨터를 비롯한 각종 전자 제품 안에는 수많은 미세 소자들이 작은 칩 형태로 들어가 있습니다. 이와 같이 작은 칩을 만들려면 마이크로미터 크기의 부품을 측정하고 가공하는 기술이 있어야 합니다. 이미 이런 기술은 개발되어 널리 쓰이고 있습니다.

하지만 컴퓨터의 성능이 발전하면서 점점 더 많은 미세 소자가 들어간 칩을 개발할 필요가 생겨났고, 이를 위해서 더

욱더 작은 크기의 물질을 측정하고 가공하는 기술, 즉 나노 과학 기술이 필요해지고 있는 것입니다.

나노 기술의 기반이 되는 기술은 나노미터 크기의 물질을 측정하고 분석할 수 있는 나노 계측 기술입니다. 나노를 연구하기 위해서는 무엇보다도 나노 크기의 물질을 볼 수 있는 장치가 필요합니다.

실제로 눈에 보이지 않는 나노 연구가 가능해진 것은 나노 크기를 볼 수 있는 주사 터널링 현미경(STM)과 원자력 현미경(AFM)이 발명된 1980년대 이후입니다.

원자와 분자의 실제 모습을 처음으로 볼 수 있게 해 준 것

은 주사 터널링 현미경입니다. 양자 역학의 터널 효과를 이용하여 이 현미경으로 원자 크기의 영상을 얻을 수 있습니다. 즉, 시료에 미세한 탐침을 1나노미터 이하로 가까이 접근시키면 전자가 탐침과 시료 사이를 통과하는 현상을 이용해서 영상을 만듭니다. 이 현미경은 배율이 10억 배이고 해상도는 0.001나노미터(수직 방향)~0.1나노미터(수평 방향)로, 원자나 분자의 3차원 표면 영상을 얻을 수 있습니다.

나노 기술을 개발하려면 원자나 분자를 옮기거나 쌓는 정밀한 조작 기술이 필요합니다. 주사 터널링 현미경은 원자나 분자를 관찰만 하는 것이 아니라 직접 조작할 수도 있습니다. 주사 터널링 현미경의 탐침을 사용하여 원자나 분자를 마치 레고 블록처럼 다룰 수 있습니다. 과학자들은 이 도구를 이용하여 원자나 분자를 하나씩 따로 조작하는 기술을 개발했는데, 이 기술을 이용하면 전혀 예상치 않은 신물질을 만들어 낼 수도 있게 됩니다.

나노 과학 기술이 여는 새로운 세계

나노 입자는 크기는 작지만 세상을 바꾸어 놓을 수 있는 잠재력을 갖고 있습니다. 왜 그럴까요?

— ……

나노 기술을 이용하면 지금까지와는 다른 방식으로 물건을 만들 수가 있기 때문입니다.

나노 물질을 제조하는 방법에는 두 가지가 있습니다. 하나는 이미 존재하는 큰 물질을 깎아서 작게 만드는 방법이고, 다른 하나는 원자나 분자를 벽돌 쌓듯이 조합해서 원하는 것을 만드는 방법입니다. 그동안은 앞의 방법으로 물건을 만들었지만, 후자의 방법을 이용하면 전혀 새로운 물질을 만들 수 있습니다. 왜 그런지 알아볼까요?

물질을 계속 작게 쪼개어 가면 마지막에 무엇이 남을까요?

— '원자'입니다.

그러면 원자는 더 이상 쪼개지지 않는 가장 작은 입자입니까?

— 그렇지 않습니다.

네. 원자는 원자핵과 전자로 나눌 수 있고, 원자핵은 다시 양성자와 중성자로 나눌 수 있어요. 그렇다면 원자란 무엇일

까요?

　― …….

　원자는 물질을 이루는 원소입니다. 그런데 어떤 물질은 여러 종류의 원소로 이루어지기도 합니다. 예를 들면 물은 두 가지 원소, 즉 수소와 산소로 이루어지는데, 이러한 물질을 화합물이라고 합니다. 화합물의 경우 물질의 성질을 갖는 최소 단위는 분자가 됩니다. 물 분자는 2개의 수소 원자와 1개의 산소 원자로 이루어집니다.

　나노 입자는 원자나 분자일 수도 있고, 원자나 분자들이 모인 덩어리일 수도 있습니다. 이러한 나노 입자는 원래의 물질과 성질이 똑같을까요, 아니면 다를까요?

　―똑같습니다!

　그런데 그렇지가 않습니다. 물질의 크기가 나노 크기에 가까워지면 큰 물체에서는 볼 수 없었던 여러 가지 성질이 나타납니다. 물질의 크기가 나노 크기로 작아지면 물리적 성질이나 화학적 성질이 변합니다.

　예를 들어, 나노 크기에서 물질은 색깔이 변하기도 합니다. 붉은 갈색이던 구리가 투명해지고, 황금색이던 금은 색깔이 계속 바뀌다 20나노미터 이하에서는 빨간색이 됩니다. 또 고체이던 물질(금)이 나노 크기에서 액체로 변하기도 하고, 불연성이던 물질(알루미늄)이 가연성으로 바뀝니다. 안정된 물질(금)이 다른 물질과 활발하게 반응하여 촉매로 쓰이기도 하고, 반도체이던 물질(규소)이 전기를 잘 통하는 도체로 바뀌기도 하죠.

이처럼 입자가 나노 크기로 작아지면 성질이 변하는 이유는 무엇일까요?

__너무 작아져서?

크기가 작아지면 무엇이 달라지나요?

__부피에 비해 표면적이 커집니다.

그렇습니다. 입자의 크기가 매우 작아지면 부피에 비해 표면적의 크기는 상대적으로 매우 커집니다.

예를 들어 더운 여름철에 먹는 슬러시나 팥빙수는 얼음덩어리를 넣은 물보다 시원합니다. 얼음을 갈아 넣으면 더 빨리 녹기 때문입니다. 표면적이 커졌기 때문이죠.

이와 같이 입자의 크기를 작게 만들어 부피에 대한 표면적의 비율이 커지면, 상대적으로 다른 입자와 접촉할 기회가 많아져서 물리적·화학적 반응을 할 기회가 증가하여 성질이 달라지는 것입니다.

살균력이 뛰어난 은 나노 세탁기나 주름을 없애 주는 나노 화장품은 이러한 성질을 이용한 나노 제품입니다. 또, 나노

분말을 이용해 약을 만들면 몸에 흡수되는 속도가 빨라 약효가 높아집니다.

나노 과학 기술은 물질을 이용하는 새로운 시대를 열어 줄 것으로 기대됩니다. 그동안 인류는 지구 상에 존재하는 자연 자원을 가공해서 필요한 물질을 만들어 이용해 왔습니다. 그러나 나노 과학 기술은 인간이 필요로 하는 물질을 직접 설계한 다음 원자를 하나하나 쌓아서 만들게 해 줄 것입니다.

이렇게 되면 우리는 새로운 물질을 기초로 하여 전에는 꿈도 꾸지 못하던 물건을 만들 수도 있게 됩니다. 예를 들어 기존의 강철보다 수십 배 강력하면서도 가벼운 물질을 만들 수도 있고, 에너지 소모가 거의 없는 컴퓨터, 도서관의 모든 정보를 각설탕 크기에다 담을 수 있는 기술도 가능해집니다.

한마디로 나노 기술은 원자나 분자 단위에서 인류가 얻을 수 있는 궁극의 기술이라고 할 수 있습니다. 가까운 미래에 우리는 전혀 다른 세상에서 살게 될 것입니다. 일찍이 노벨상 수상자인 물리학자 리처드 파인만은 "원자와 분자들을 마음대로 조절할 수 있다면 새로운 세상이 열릴 것"이라고 예측한 바 있습니다.

나노 과학의 연구로 자연 속에 다양한 나노 구조가 있다는 사실도 밝혀지고 있습니다. 이미 생명체들은 나노 구조를 지혜롭게 이용하고 있습니다. 몇 가지 예를 들어 보죠.

연못이나 늪에서 쉽게 볼 수 있는 소금쟁이는 유유히 물 위를 미끄러져 다닙니다. 소금쟁이는 어떻게 물에 빠지지 않고 물 위를 미끄러져 다닐 수 있을까요?

＿물의 표면 장력 때문 아닌가요?

물론 물의 표면 장력도 중요한 역할을 합니다. 하지만 표면

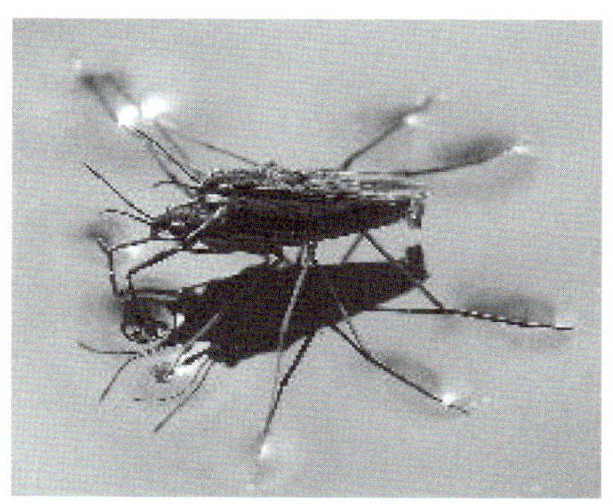

소금쟁이
다리가 물에 빠지지 않는 것은 다리 표면에 있는
마이크로 크기의 털과 털 표면에 있는 나노 홈 때문이다.

장력만으로 소금쟁이의 다리가 물에 빠지지 않는 것을 설명하기는 어렵습니다.

또 다른 비밀은 소금쟁이의 다리에 있습니다. 소금쟁이의 다리를 현미경으로 살펴보면 마이크로미터 길이의 미세한 털이 돋아 있는 것을 볼 수 있습니다. 이 털을 전자 현미경으로 조사해 보면 나노 크기의 작은 홈이 패어 있습니다.

소금쟁이의 다리가 물에 빠지지 않는 것은 마이크로미터 길이의 털과 나노 크기의 홈 때문입니다. 미세한 털 사이와 나노 홈에 공기 방울이 갇혀서 일종의 쿠션 역할을 하여 소금쟁이가 물 위에 뜰 수 있는 것입니다.

연잎은 더러운 흙탕물 속에서 피어납니다. 그런데 흙탕물 속에서 피어난 연잎은 하나같이 깨끗한 것을 볼 수 있습니다. 이상하지 않나요? 비 오는 날 연잎에 빗방울이 떨어지는 것을 보면 빗방울이 연잎을 적시지 못하고 작은 물방울이 되어 굴러 내리는 것을 볼 수 있습니다.

나비의 날개도 연잎과 비슷합니다. 나비의 날개 역시 물에 젖지 않고 물이 물방울 형태로 맺혀 있는 것을 볼 수 있습니다. 이것은 어떻게 된 일일까요?

전자 현미경으로 연잎을 관찰하면 표면에 미세 돌기가 돋아 있는 것을 볼 수 있고, 나비의 날개 표면에도 나노 크기의 구멍이 있다는 것이 밝혀졌습니다.

연잎이나 나비 날개의 나노 구조를 모방한 재료로 빗물이 스며들지 않고 물방울이 되어 굴러 내리게 만들 수 있습니다. 실제로 이 원리는 비옷이나 물에 젖지 않는 소재의 개발에 응용되고 있습니다.

나비의 날개에는 또 다른 성질이 있는데, 보는 방향에 따라 달라지는 영롱하고 특이한 무지개 빛깔이 있습니다. 이러한 무지개는 딱정벌레의 등판이나 전복껍데기, 공작의 날개에서도 볼 수 있습니다. 이러한 빛깔은 어떻게 생기는 것일까요?

이 빛깔 역시 나노 구조 때문에 생깁니다. 나비 날개의 인

분(鱗粉, 비늘 모양의 분비물)은 큐티클(생물의 체표 세포에서 분비하여 생긴 딱딱한 층)과 공기가 번갈아 배치된 층 구조를 이루고 있습니다. 이 층 구조가 일종의 회절격자처럼 작용하여 간섭무늬를 만드는 것입니다. 이 빛깔은 나노미터 단위 입자들의 간격이나 배열에 따라 다양하게 나타납니다. 이러한 구조색은 자연의 오묘한 색깔 디자인이라고 할 수 있습니다. 영국의 한 연구 팀은 나노 기술로 구조색을 본떠 보는 방향에 따라 색깔이 달라지는 소재를 만들었습니다. 이 원리는 지폐의 위조 방지나 귀중품의 광 서명 정보를 암호화하는 데 이용될 수 있습니다.

꿈의 신소재, 나노 소재

최근 나노 소재 개발에서 가장 주목을 받는 원소는 탄소입니다. 탄소는 우리 몸을 구성하는 주요 원소의 하나일 뿐 아니라 지구상의 모든 생명체를 구성하는 기본 원소이기도 합니다.

탄소는 지구 상에 가장 풍부한 원소들 중의 하나이며 주로 흑연이나 다이아몬드의 결정 형태로 발견됩니다. 탄소는 반도체 재료인 규소의 가까운 친척이지만 도체(흑연) 또는 부도체(다이아몬드)여서 전자 소자로서 별다른 주목을 받지 못했습니다.

그런데 흑연과 다이아몬드의 차이는 무엇일까요?

__값이오.

물론 그렇죠. 다이아몬드는 보석으로 대접받고, 흑연은 연필심으로 쓰이니까요. 이들은 똑같은 탄소로 이루어져 있습니다. 그런데 왜 이렇게 가격 차이가 나는 걸까요?

__다이아몬드는 가장 단단하지 않나요?

다이아몬드는 단단하여 공업적으로 쓸모가 많죠. 그래서 금속을 다듬거나 암석을 절단하는 톱이나 석유 시추 드릴의 끝 부분에 쓰입니다. 그렇지만 다이아몬드가 비싼 가장 큰 이유는 귀하기 때문입니다. 흑연은 매우 흔한 반면 다이아몬드는 매우 드물게 출토됩니다.

다이아몬드와 흑연은 성질이 매우 다릅니다. 다이아몬드는 매우 단단하고 투명한 반면, 흑연은 연하고 비늘처럼 벗겨지며 검은 광물입니다. 두 광물이 이렇게 다른 이유는 결정 구조가 다르기 때문입니다. 다이아몬드는 탄소 원자들이 사면체 모양으로 결합되어 있고, 흑연은 육각의 판형 구조로 결합되어 있습니다. 이처럼 같은 홑원소로 되어 있지만 모양과

성질이 다른 물질을 동소체라고 합니다.

동소체(allotrope)는 단위 분자를 구성하는 원자의 수가 다르거나, 같은 화학 조성을 가지나 원자의 배열 상태나 결합 양식이 다릅니다. 흑연과 다이아몬드는 후자에 해당하고, 산소와 오존은 전자에 해당합니다.

최근에 새로운 탄소 동소체들이 발견되고 있습니다. 축구공 모양의 풀러렌, 기다란 대롱 모양의 탄소 나노 튜브, 탄소 나노 튜브를 넓게 편 모양의 그래핀 등이 그것입니다. 이들은 뛰어난 물리적·화학적 특성을 지녀서 대표적인 탄소 나노 소재들로 주목받고 있습니다.

풀러렌(fullerene, C_{60})은 굴뚝의 그을음 속에서도 찾을 수 있는 검은색 가루로, 탄소 원자 60개가 지름 약 1나노미터의 축구공 모양의 분자를 이루고 있습니다. 풀러렌은 기계적 특성이 우수하고, 열전도도가 낮고 전기 절연성이 좋습니다.

높은 온도와 압력에도 안정된 구조를 가지는 풀러렌은 다른 물질에 첨가되면 내구성이나 내열성을 높일 수 있어서 윤활제나 공업용 촉매제, 축전지 등 다양하게 이용될 수 있습니다. 예를 들어 플라스틱에 첨가하여 매우 단단하고 날카로운 절삭 도구를 만들 수도 있습니다. 또, 풀러렌에 금속을 추가하여 고온 초전도성이 우수한 초전도체로 이용하거나 저장 장치로 이용할 수도 있습니다.

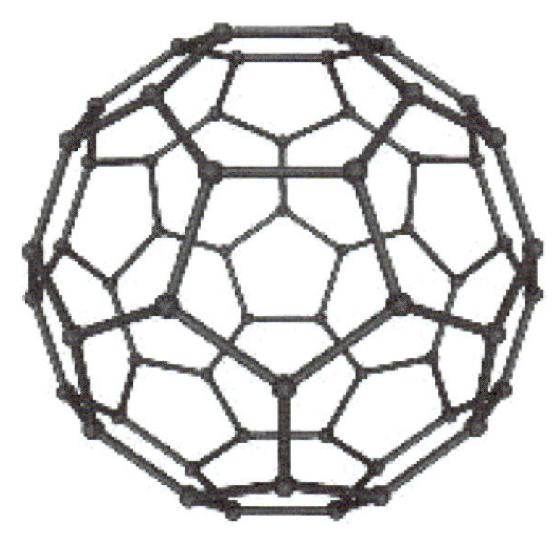

탄소 원자 60개로 이루어진 풀러렌의 분자 모형

탄소 나노 튜브(CNT, Carbon Nanotube)는 흑연을 미세하게 종이처럼 자르면 말리면서 생기는 소재입니다. 탄소 원자들이 육각형 고리로 연결된 벌집 구조이며, 지름 1나노미터 정도의 속이 빈 기다란 튜브 모양의 분자를 이루고 있습니다.

탄소 나노 튜브는 속이 비어 있어서 가볍고, 전기 전도도가 구리만큼 우수하며, 열전도도는 다이아몬드만큼 우수합니다. 강철보다 100배나 강하고, 휠 수 있으면서 다시 원래 모양으로 돌아오는 특성도 뛰어납니다.

탄소 나노 튜브를 다발로 묶으면 반도체의 성질을 띠어서 실리콘을 대체할 차세대 반도체로 관심을 모으고 있습니다. 이를테면 현재보다 기억 용량이 1만 배나 큰 초고집적 반도

탄소 원자들이 원통형 그물 모양으로 연결된 탄소 나노 튜브 모형

체 칩을 만들 수 있는데, 열전도도도 뛰어나 발열 문제도 해결된다는 장점이 있습니다.

나노 튜브를 기존 물질에 첨가하면 가볍고 강한 제품을 만들 수 있어서, 변색되지 않는 나노 페인트와 같은 도장재나 외장재, 자동차 타이어, 골프채 등을 만드는 데 이용됩니다. 그 밖에도 평판 디스플레이, 배터리, 생체 센서 등 다양한 용도로 연구되고 있습니다.

나노 튜브의 빈 공간에 의약품을 저장하여 인체에 투입하여 필요한 부분에서 빼내어 원하는 부위만 치료하게 하는 나노 캡슐도 연구되고 있습니다. 또 탄소 나노 튜브를 이용하여 초강력 섬유를 만들 수도 있는데, 정지 위성(위성의 공전 주기가 지구의 자전 주기와 같아서 지표면에서 볼 때 항상 정지해 있는 것처럼 보이는 위성)과 지상을 연결하는 엘리베이터를 설치하자는 아이디어도 나와 있습니다.

그래핀(graphene)은 연필심에 스카치테이프를 붙였다 떼면 떨어져 나오는 얇은 단원자 층의 탄소 덩어리로, 탄소 나노 튜브를 넓게 펼쳐 놓은 육각형 벌집 구조를 이룹니다.

그래핀은 전기 전도성이 구리의 10배나 되고 탄소 나노 튜브보다 훨씬 안정적이어서, 일반 반도체보다 저장 용량이 큰 컴퓨터 칩과 전자 소자를 만들 수 있을 것으로 기대됩니다.

그래핀은 접을 수 있는 모니터나 전자 종이를 만드는 데 이용될 수 있습니다. 두께가 원자 한 개에 불과해서 투명하고 휘거나 접을 수 있기 때문입니다.

나노 섬유(nanofiber)는 수십~수백 나노미터 두께의 초극세사로 이루어진 섬유입니다. 나노 섬유는 고분자 물질에 전기장을 가해서 실 모양으로 뽑아낸 것입니다. 보통 섬유는 섬유 원료에 압력을 가해서 작은 구멍으로 뽑아내지만, 나노 섬유는 원료인 고분자 물질에 고전압의 전기장을 가해서 뽑아냅니다. 물질 내부에서 전기적 반발력이 생겨 분자들이 뭉쳐서 나노 크기의 실 형태로 갈라집니다. 전기장이 셀수록 실은 가늘어지는데 보통 10~1000나노미터의 굵기로 뽑아 함께 모으면 서로 얽혀서 천이 됩니다.

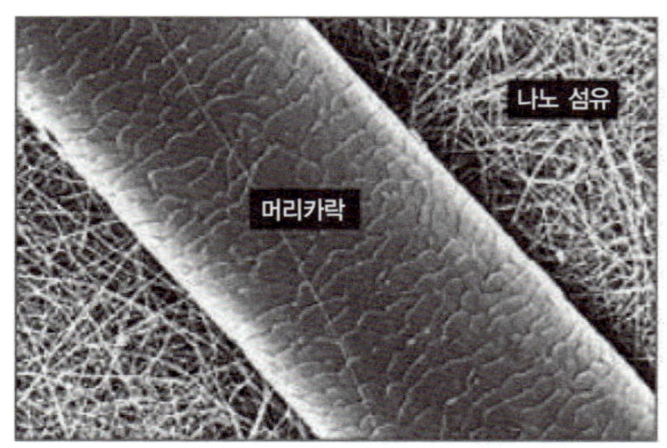

머리카락 굵기의 1/1000 정도로 가는 실로 이루어진 나노 섬유

나노 섬유는 피부처럼 매끄러우며, 종이보다 얇고 가볍습
니다. 나노 섬유는 매우 촘촘하여 물 분자처럼 작은 분자는
투과시키지만 이보다 훨씬 큰 미세 입자와 박테리아는 통과
시키지 않습니다. 따라서 나노 섬유로 옷을 만들면 질기고
더러워지지 않으며 바이러스나 박테리아가 통과할 수 없는
지능형 의류가 될 수 있습니다.

나노 섬유는 생화학 무기 방어용 의복에 이용될 수 있습니
다. 나노 섬유는 미세 입자나 박테리아는 통과하지 못하게

하면서 내부의 땀은 배출하는 성질이 있어서 세균 등의 침투를 막는 방어복으로 제격입니다. 미국 국방부는 생화학 테러 대응용으로 개발해 사용하고 있습니다.

나노 섬유는 인조 피부나 의료용 붕대로 이용될 수도 있습니다. 생체 조직과 흡사하게 만든 인공 단백질로 나노 섬유를 만들면 상처가 아물면서 바로 몸속으로 흡수되는 붕대나 인조 피부를 만들 수 있습니다. 나노 섬유는 또 부피에 비해 표면적이 엄청나게 크기 때문에 필터 재료로 쓰면 탁월한 여과 효과가 있습니다.

나노 섬유는 스마트 유리에도 이용됩니다. 전기 전도성을 지닌 고분자로 나노 섬유를 제조해 유리에 코팅하면 햇빛의 양을 감지해서 창문의 투명도나 색이 변하는 스마트 유리가 됩니다. 전도성 나노 섬유는 배터리의 전해질로 활용될 수 있습니다. 예를 들어 휴대폰이나 노트북 등에 널리 쓰이는 리튬 이온 전지의 전해질로 사용하면 전해액의 누출을 막으면서도 전지의 크기와 무게를 크게 줄일 수 있는 장점이 있습니다.

그 밖에도 나노 섬유는 활용 범위가 무궁무진합니다. 자동차에 활용되는 경우만 보더라도 고강도 나노 복합 소재의 범퍼, 고기능 공기 필터와 연료 필터, 변색이 없는 페인트, 고

성능 타이어, 초고강도 강철 및 알루미늄 합금 차체, 배기가스 촉매 등 매우 많습니다.

연구가 진행되면서 꿈의 신소재로 생각되던 나노 소재도 한계가 드러나고 있기는 하지만, 다른 한편에서는 이러한 약점을 극복할 수 있는 새로운 형태의 나노 소재가 등장하여 희망을 갖게 합니다. 나노 과학 기술자들은 인내심을 갖고 나노의 꿈을 실현시키기 위해 노력하고 있습니다.

융합 과학 기술로 위력을 발휘하는 나노 과학 기술

나노 과학 기술은 응용 범위가 매우 넓기 때문에 다른 과학 기술과 융합하여 상승 효과를 낼 수 있을 것으로 기대됩니다. 나노 과학 기술과 융합될 수 있는 분야는 매우 많습니다. 예를 들어 정보 통신, 생명 과학, 생체 의학, 환경 과학 등 거의 모든 과학 기술과 결합될 수 있어서 인류의 생활 구석구석에 그 영향을 미치지 않는 곳이 없을 것으로 전망되고 있습니다.

이를테면 정보 통신 분야에서는 전력 소모가 적고 저렴한 고성능 나노 프로세서 제작에 이용될 수 있습니다. 나노 기술을 이용하며 나노 소자로 이루어진 나노 프로세서는 오늘

날의 컴퓨터보다 100만 배나 강력한 컴퓨터의 핵심 부품이
될 것입니다. 나노 프로세서는 모든 정보 통신 시스템을 극
소화하여 쉽게 휴대할 수 있도록 도와줄 것입니다.

생명 공학이나 의학, 약학 분야에서는 동식물의 유전자 개
선이나 합성 피부, 혈액 대체 물질 개발 등에 활용될 수 있습
니다. 치료 의학에서는 이미 국소 약물 전달 기술이라는 나
노 기술이 적용되고 있습니다. 이것은 병이 난 곳만 찾아가
서 약을 전달함으로써 치료 효과를 높이면서 부작용을 최소
화하는 기술입니다.

환경 분야에서는 눈에 보이지 않는 분진이나 먼지 등 극미
세 오염 물질을 제거하는 다공질 물질이나 친환경 물질 개발
등에 적용될 수 있습니다. 에너지 분야에서는 고성능 배터리,
양자 태양 전지, 나노 크기의 다공질 촉매제, 상온에서 전력
손실이 없는 초전도 물질 개발에 적용될 수 있습니다.

항공 우주 분야에서는 작은 곤충 크기의 초소형 비행체나
경량 우주선 개발 등에 활용될 수 있고, 우주선체에 적용될
수 있는 내열성·내마모성이 뛰어난 나노 코팅 기술 개발 등
에도 활용될 수 있습니다.

로봇 공학이나 의학 분야에서 가장 관심을 불러일으키는
것은 나노봇입니다. 나노봇은 수십 나노미터 크기의 작은 로

봇으로 혈관을 타고 다니며 병을 진단하고 치료할 목적으로 개발되고 있는 로봇입니다. 암세포를 찾아서 파괴하고, 손상된 기관이나 세포를 수리하고, 알맞은 약을 투여하여 치료하는 등의 일을 할 수 있을 것으로 전망됩니다. 나노봇은 의학분야에 국한되지 않고 환경 등 다양한 분야에 활용될 수 있을 것으로 기대됩니다.

나노 과학 기술이 극복해야 할 과제

지금까지 살펴본 나노 과학 기술의 미래는 놀라운 것이 아닐 수 없습니다. 정말 장밋빛이죠?

__세상이 뒤바뀔 것 같습니다.

하지만 우려하는 사람들도 있습니다.

__왜죠?

아직 우리는 나노 세계에서 일어나는 일들을 정확히 알 수 없기 때문에 확실하게 말할 수는 없습니다.

물질의 크기가 작아지면 예기치 않은 문제가 일어날 가능성이 있습니다. 한 예로, 물질은 모양과 크기, 형태에 따라 독성이 생길 수 있습니다. 예를 들어, 자연에서 출토되는 석

면은 한때 기적의 광물로 불렸습니다. 석면은 열에 강하고 절연체로서 성능이 뛰어나 건축 자재로 널리 쓰였습니다. 석면은 덩어리일 때는 별문제가 없지만 석면 입자가 호흡기를 통해서 몸속에 들어가면 폐암이나 각종 질병을 유발한다는 것이 뒤늦게 밝혀져서 큰 환경 문제가 되고 있습니다.

나노 입자도 석면 입자처럼 호흡이나 피부를 통해 체내로 유입될 수 있습니다. 우리 몸은 나노 입자보다 1000배 이상 큰 마이크로 입자는 걸러 낼 수 있지만 나노 물질을 걸러 낼 장치는 없기 때문입니다.

나노 입자는 매우 작아서 세포 속이나 몸속을 돌아다닐 수 있습니다. 세포막을 자유로 투과하여 전혀 예기치 않은 문제를 일으킬 수도 있습니다. 따라서 석면보다 훨씬 작은 나노 입자가 인간에게 유해하지 않다고 확신할 수 없습니다.

나노 입자는 사람의 세포보다 1/100 이하로 작습니다. 이것은 몸속의 효소와 같은 단백질 분자만 한 크기입니다. 50나노미터 나노 입자는 어느 세포 속에나 쉽게 들어갈 수 있으며, 20나노미터보다 더 작은 것은 핏줄 밖으로 나가 몸 전체를 돌아다닐 수도 있습니다. 따라서 나노 입자는 폐나 심장, 심지어 뇌까지 침투할 수 있을 뿐 아니라 태아에게도 전달될 수 있고, 심지어 DNA에 영향을 미칠 위험성까지 제기됩니다.

나노 입자의 환경 오염 가능성도 제기됩니다. 최근 미국 환경보호처는 삼성 전자의 은 나노 세탁기에 대해 안전성을 입증할 증거를 제시하라고 요구하였는데, 이는 '은 나노 입자로 살균이 가능하다면 제초제나 살충제 같은 효과를 내는 것이 아니냐?' 하는 의문을 제기한 것입니다. 이러한 관점에서 보면 나노 입자는 공중 보건과 수자원, 나아가 자연 환경에 존재하는 모든 생명체에 영향을 미칠 가능성이 존재합니다. 나아가 나노 입자는 정밀하게 정제된 입자들인 만큼 오랫동안 자연계에 안정적으로 존재할 수도 있고 생물의 몸속에 농축될 가능성도 있습니다.이런 문제를 해결하기 위해서는 나노 입자의 위험성이나 안전성을 규명하는 연구도 병행되어야 하며, 나노 입자를 적절히 통제하고 제어하는 기술도 함께 개발되어야 할 것입니다.

과학자의 비밀노트

국제단위계

예전에는 길이나 질량 등을 측정하는 단위가 나라마다 달라서 여행을 하거나 나라 간에 무역을 할 때 불편한 점이 많았다. 지금은 측정 기술이 발전하면서 단위의 기준을 보다 엄밀하게 정할 필요가 생기고 있다. 이러한 문제를 논의하기 위하여 4년마다 국제 도량형 위원회가 열리고 있는데, 국제단위계는 1960년 제11차 국제 도량형 위원회에서 채택한 단위 체계이다.

국제단위계(SI, international system of units)는 프랑스에서 제정된 미터법(MKS 단위계)을 기초로 하여 정해진 것으로 7가지 기본 단위가 있다. 즉, 길이는 미터(m), 질량은 킬로그램(kg), 시간은 초(s), 전류는 암페어(A), 온도는 켈빈(K), 물질량은 몰(mol), 광도는 칸델라(cd)로 표시한다.

만화로 본문 읽기

우선 나노란 국제단위계에서 사용하는 접두어로 1/10억 배를 뜻하죠. 우리가 흔히 쓰는 1/100배를 뜻하는 센티, 1/1000배를 뜻하는 밀리, 1000배를 뜻하는 킬로와 같은 접두어랍니다.

아~, 그런 뜻이었군요.

명칭	기호	곱할 인자
요타	Y	10^{24}
제타	Z	10^{21}
엑사	E	10^{18}
페타	P	10^{15}
테라	T	10^{12}
기가	G	10^{9}
메가	M	10^{6}
킬로	k	10^{3}
헥토	h	10^{2}
데카	da	10^{1}

명칭	기호	곱할 인자
데시	d	10^{-1}
센티	c	10^{-2}
밀리	m	10^{-3}
마이크로	μ	10^{-6}
나노	n	10^{-9}
피코	p	10^{-12}
펨토	f	10^{-15}
아토	a	10^{-18}
젭토	z	10^{-21}
욕토	y	10^{-24}

1/10억이라면 정말 작겠네요. 그렇게 작은 세계의 연구도 필요할까요?

네. 1/10억 미터는 머리카락 굵기의 약 1/10만에 해당되는 우리 눈에 보이지 않는 크기예요. 하지만 분자나 세포 역시 보이지 않을 만큼 작지만 물체와 생물을 이루고 있는 물질이잖아요. 그래서 연구가 필요한 것이죠.

물질은 그 크기가 나노 크기에 가까워지면 큰 물체에서는 볼 수 없었던 여러 가지 성질이 나타나요. 이 성질을 이용하면 원래 없었던 물질이라도 필요한 물질을 직접 만들 수가 있는 것이죠.

와, 그런 게 가능한가요?

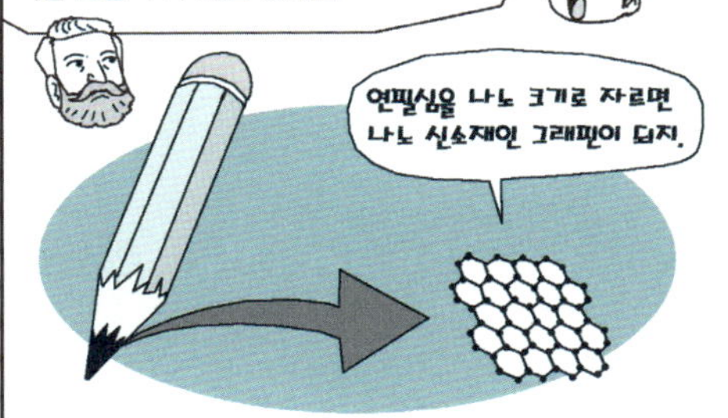

그럼 실제로 그런 물질이 있나요?

최근에 탄소의 새로운 동소체들이 발견되었어요. 축구공 모양의 풀러렌과 기다란 대롱 모양의 탄소 나노 튜브, 탄소 나노 튜브를 넓게 편 모양의 그래핀 등이 있는데, 이들은 뛰어난 물리적 · 화학적 특성이 있어서 탄소 나노 소재로서 주목받고 있답니다.

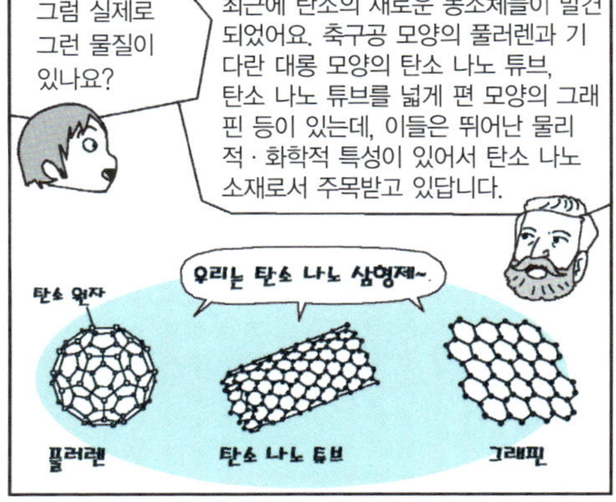

그리고 무엇보다도 나노 과학 기술은 다른 과학 기술과 융합하여 상승 효과를 낼 수가 있어요. 예를 들어 정보 통신, 생명 과학, 생체 의학, 환경 과학 등 거의 모든 과학 기술과 결합될 수 있어서 인류의 생활 구석구석에 그 영향을 미칠 것이랍니다.

와~, 정말 쓰이지 않는 곳이 없겠네요.

언제 어디서나 소통되는

정보 통신 기술

모든 것이 하나로 연결되고 소통되는 유비쿼터스 세상이란 어떤 것일까요?
정보 통신 기술의 발달로 인한 새로운 세상에 대해 살펴봅시다.

언제 어디서나 소통되는 정보 통신 기술

교. 과. 연. 계.	중등 과학 1	파동
	중등 과학 1	빛
	중등 과학 2	전기
	중등 과학 3	전류의 작용

칠판에 '유비쿼터스'라는 글을 쓴
쥘 베른이 학생들을 둘러보았다.

이번 시간에는 미래를 바꾸어 놓을 두 번째 과학 기술로서
정보 통신 기술에 대해 알아보도록 하겠습니다.

정보와 통신

오늘날 우리는 흔히 정보 시대에 살고 있다고 말합니다.
여기서 '정보'란 무엇일까요?
__ '도움이 되는 지식' 아닌가요?

그렇습니다. 정보란 '도움이 되는 지식이나 자료'를 의미합니다.

정보를 이용하는 것은 인간만이 아닙니다. 다른 생명체도 정보를 이용합니다. 생명체는 살아 있는 동안 끊임없이 외부의 신호를 받아들이고, 이를 분석해서 주위의 사물을 이해하고 상황을 판단하며 살아갑니다.

고등 생물은 감각 기관을 통해서 신호를 받아들이고 뇌에서 이 신호를 분석하여 물체에 대한 정보를 알아냅니다. 눈은 시각 정보를, 귀는 청각 정보를, 코는 후각 정보를, 그리고 손이나 더듬이는 촉각 정보를 감지하지요. 이렇게 얻어진 정보를 통해서 먹이를 구하기도 하고 위험을 피하며 살아가요.

이 때문에 정보를 수집하고 사용하는 것이 생명체의 가장 중요한 특징이라고 주장하는 학자도 있습니다.

그러면 '통신'이란 무엇일까요?

__'소식을 전하는 것' 아닐까요?

그렇습니다. 통신은 자신이 아닌 다른 개체에게 '소식이나 정보를 전하는 것'입니다.

통신 역시 생명체에게 중요합니다. 모든 생명체가 통신을 하는 것은 아니지만, 무리 지어 사는 고등 생명체에게는 통신이 중요합니다. 이를테면 생존에 필요한 물이나 먹이가 있는 곳을 동족에게 알리거나, 천적이나 위험이 가까이 있음을 알릴 때 통신을 합니다.

동물들의 통신 수단은 주로 냄새나 몸짓, 소리 등이지만, 때로는 인간이 전혀 감지할 수 없는 초음파나 초저주파를 사용하기도 합니다.

정보 통신 기술의 발전

정보 통신 기술은 정보를 생성하고 전송하는 기술입니다. 이를 가장 잘 이용하는 생명체는 인간일 것입니다. 인간은 유사 이래 끊임없이 정보를 생성하고 전송하는 기술을 발전시켜 왔습니다.

인간의 감각 기관과 뇌는 자연에서 발생하는 신호의 일부분만 받아들이고 분석할 수 있습니다. 하지만 자연에는 인간의 감각으로 알아챌 수 없는 다양한 신호들이 존재합니다. 이에 인간은 여러 가지 센서를 개발하여 수많은 신호를 알아낼 수 있게 되었습니다. 그리고 다른 한편으로는 컴퓨터 등 수많은 정보를 저장하고 처리하는 장치를 개발하였습니다.

이러한 센서와 정보 처리 기술 덕분에 인간은 더 많은 정보

를 수집하게 되었습니다. 인류 지성의 진보와 과학 기술의 발전에 따라 정보의 양은 급속도로 증가했습니다.

19세기 이전에는 현재에 비해 정보의 양이 그리 많지 않았습니다. 이 시대의 사람들은 시장에 나가서 다른 사람들을 직접 만나야 세상 돌아가는 정보를 얻었습니다. 19세기에 등장한 신문과 잡지는 종이에 인쇄되어 배달되는 방법으로 사람들에게 직접 정보를 전달했습니다.

기술의 발전과 더불어 통신 수단도 발전해 왔습니다. 인류는 처음에는 육성이나 나팔, 깃발, 연기, 횃불을 이용하거나 말, 개, 비둘기 등의 동물을 이용하여 통신을 했습니다. 통신 혁명을 불러온 기술은 19세기 말에 발전한 전자기파 통신 기술입니다. 전자기파는 음성 신호뿐 아니라 영상 신호도 전송할 수 있으며, 빛의 속도로 전해지고 도달 거리도 거의 제한을 받지 않는다는 장점이 있습니다.

전자기파 통신 기술은 20세기에 꽃을 피워서 전화, 무선 통신, 라디오, 텔레비전의 등장과 함께 세상의 뉴스를 빠른 속도로 전달하였습니다. 라디오는 소리를, 텔레비전은 영상을 공유할 수 있게 해 주었습니다. 그리고 20세기 중반에 발전한 위성 통신 기술은 바다 건너 먼 나라, 지구 반대쪽에서 치러지는 스포츠 경기까지 실시간으로 중계할 수 있게 해 주었습니다.

 20세기 말에 전 세계로 확산된 인터넷 통신은 누구나 쉽게 멀티미디어 정보를 공유할 수 있게 하였을 뿐 아니라 정보를 양방향으로 주고받을 수 있게 하였습니다. 이제 사람들은 인터넷 공간에서 지구 건너편 사람들과 대화하고, 게임을 하고, 서로의 경험을 빛의 속도로 공유할 수 있게 되었습니다.

 오늘날 우리는 전 세계에서 일어나는 사건과 사고를 거의 실시간으로 알 수 있습니다. 가까운 이웃 나라뿐 아니라 지구 반대편에 있는 먼 나라의 소식까지 듣고 볼 수 있습니다. 전 세계에서 시시각각 일어나는 일들을 집 안에서 검색할 수 있고, 다른 나라에서 일어나는 전쟁까지도 실시간으로 볼 수 있는 시대가 되었습니다. 그동안 교통 수단의 발달로 심리적 공간이 좁혀져 왔지만 오늘날 정보 통신 기술만큼 혁신적이진 않았습니다.

모든 것이 연결되고 소통되는 유비쿼터스 세상

 최근에 등장한 스마트폰은 다시 한 번 세상을 바꾸어 놓을 것을 예고하고 있습니다. 스마트폰은 휴대하고 다니면서 손

쉽게 인터넷에 접속할 수 있습니다. 다시 말해 언제 어디서나 가상 세계와 밀접하게 소통할 수 있습니다.

미래에는 내가 세계 어디에 있든지 언어나 기기의 장벽에 구애되지 않고 소통할 수 있게 될 것입니다. 그리고 내게 필요한 정보가 발생하면 내가 요구하지 않더라도 알아서 내게 즉시 전해지는 시대가 올 것입니다. 예를 들어 내가 만나야 할 사람이나 친구, 사야 할 물건이 가까이 있을 때 내게 가르쳐 주고, 내 몸에 이상이 있을 때 병원이나 집에 자동으로 알려 줄 수도 있습니다.

'유비쿼터스(Ubiquitous)'라는 말을 들어 본 적이 있나요?

— 네.

'유비쿼터스'는 라틴어에서 유래된 말로 '동시에 어디에나 존재하는', '편재하는'이라는 뜻입니다. 따라서 유비쿼터스 통신은 '시간과 장소에 구애받지 않고 언제 어디서나 자유롭게 통신망에 접속할 수 있는 환경'을 의미합니다.

이제 정보 통신의 유비쿼터스 시대가 눈앞에 다가오고 있습니다. 유비쿼터스 통신의 시대가 열리면 우리 생활은 무척 편리해질 것입니다. 예를 들어, 이동하거나 직장에서 일하면서 휴대전화 하나로 집안일을 처리할 수 있죠. 또, 몸에 붙여 놓은, 컴퓨터와 연결된 작은 칩이 건강 상태를 병원에 알려

주어 병을 조기 진단할 수도 있습니다.

오늘날 우리는 현실 세계에 살면서 다른 한편으로는 모바일이나 컴퓨터로 연결되는 가상 세계에 한쪽 발을 걸친 채 살아가고 있습니다. 이 두 세계는 서로 영향을 미치기도 하지만 전혀 상관없이 돌아가기도 합니다. 유비쿼터스 기술은 이러한 두 세계를 긴밀히 연결시키고 결국에는 하나의 세계로 바꾸어 놓게 될 것입니다.

예를 들어 오늘날 마트의 계산대 앞에 사람들이 길게 늘어서 있는 것을 흔히 볼 수 있습니다. 계산원이 일일이 물건을 계산대에 올려놓고 바코드 리더기로 읽어 들이느라 시간이

걸리기 때문이지요. 하지만 유비쿼터스 기술이 적용된 매장에서는 산 물건이 아무리 많아도 기다릴 필요가 없습니다. 전파 식별(RFID, Radio Frequency Identification) 인식 장치를 통과하는 순간에 자동적으로 계산되기 때문이죠.

전파 식별이란 주파수로 물건을 식별하는 것을 말합니다. 보통 전파를 이용하여 메모리 칩에 저장된 정보를 읽어 들입니다. 이미 교통 카드나 신분증 등에 이용되고 있죠. 유비쿼터스 매장의 상품에는 이와 같은 전파 식별 표시가 붙어 있습니다.

마찬가지로 유비쿼터스 세상에서는 모든 물건에 '접속 장치'가 부착되어 있습니다. 예를 들어 자동차나 냉장고, 전자 기기, 세탁기, 전자레인지 등 모든 물건에 조그마한 센서나 컴퓨터와 같은 것이 있어서 통신이 가능합니다. 이 모든 기기와 생활용품이 전 지구적으로 네트워크화된 컴퓨터에 의해 유지되고 접근 가능한 하나의 가상 공간이 됩니다. 유비쿼터스 세상에서는 물건을 잃어버릴 염려도 없을 것입니다. 전 세계 어디에 가 있어도 어디 있는지 금방 알 수 있으니까요.

물론 유비쿼터스 세상이 편리하기는 하지만 불편한 점도 있을 수 있습니다. 모든 것이 서로 연결되는 만큼 개인의 생활이나 정보가 노출될 수 있기 때문이죠. 예를 들어 누군가가 산 물건이 확인될 수 있음으로써 사생활 침해나 범죄에 이용될 수도 있어요. 또, 네트워크를 관리하거나 감시하는 사람이 있어서 개인의 자유가 침해당할 수도 있습니다. 하지만 너무 걱정할 필요는 없습니다. 이런 문제를 해결하는 기술 역시 정보 통신 기술과 함께 발전할 테니까요.

미래의 컴퓨터

미래의 컴퓨터는 어디까지 발전할까요?

— ?

이 물음에 답하기는 쉽지 않습니다. 컴퓨터의 발전 속도가 워낙 빠르니까요.

전자식 컴퓨터가 처음 등장한 해는 1946년입니다. 그리고 6년 후, 컴퓨터는 미국 대통령 선거 개표에 투입되어 사람들을 깜짝 놀라게 만들었습니다. 개표 방송이 시작되고 얼마 후 컴퓨터는 당선자를 정확하게 예측해 냈습니다. 선거 전문가들은 두 후보의 백중세를 예측하였지만, 컴퓨터는 아이젠하워 후보의 압승을 예측했습니다. 결국 컴퓨터가 옳았고, 더욱 놀라운 것은, 그 오차가 1퍼센트밖에 되지 않았던 점입

니다. 이 사건으로 사람들은 컴퓨터를 놀라운 '전자 두뇌'로 인식하게 되었습니다.

그 후 컴퓨터는 눈부신 발전을 거듭하였고, 인간이 하는 거의 모든 일에 이용되었습니다. 복잡하고 어려운 과학 문제를 비롯하여 수많은 문제 해결에 앞장섰지요. 인간은 컴퓨터가 없는 세상은 상상할 수도 없게 되었습니다.

이제 컴퓨터는 복잡하고 어려운 계산을 하는 수준을 넘어서 인간처럼 행동하거나 생각할 수 있음을 보여 주고 있습니다.

혹시 '인공 지능(AI)'이란 말을 들어 보았나요?

— 네.

인공 지능은 생각하고 배우고 느끼는 사람의 능력을 컴퓨터 프로그램으로 실현한 기술을 말합니다. 때로는 '인간의 지성을 갖춘 존재'나 '시스템에 의해 만들어진 지능'을 뜻하기도 합니다.

1996년 2월 10일에는 인공 지능의 역사에서 놀라운 사건이 일어났습니다. 컴퓨터(IBM 딥블루)가 처음으로 인간(당시 체스 세계 챔피언인 가리 카스파로프)과 체스 대결을 하여 이긴 것입니다.

오늘날 체스 챔피언이 컴퓨터를 이길 수 없다는 것은 분명해지고 있습니다. 체스 컴퓨터들은 이후 더욱 강력한 프로세스를 바탕으로 단기적 계산 능력과 장기적 전략 능력을 발전시켰을 뿐 아니라, 인간 체스 챔피언들의 대전 기록을 낱낱이 분석하면서 계속 성장해 왔기 때문입니다.

인공 지능에 관해서는 이 밖에도 음성 인식, 영상 인식, 자연어 처리 기술 등 다양한 연구가 이루어지고 있습니다.

그러면 '음성 인식' 기술이란 무엇일까요?

__'사람의 음성을 인식하는 기술' 아닌가요?

그렇습니다. 이 기술은 이미 전화 응답 시스템에 적용되어 있습니다. 현재는 긴 문장 인식과 잡음과 음성이 섞여 있을

때 인식하는 부분을 개선하기 위한 노력을 하고 있습니다.

'자연어 처리' 기술이란 무엇일까요?

__ 동물이 내는 소리를 인식하는 기술인가요?

그건 아닙니다. 자연어 처리 기술이란 하나의 단어가 아닌 문장을 입력하였을 때 문장을 분석해 내는 기술을 말합니다. 이 기술은 현재 검색 엔진을 비롯하여 폭넓게 사용되고 있습니다.

'영상 인식' 기술은 카메라를 통해 들어오는 영상을 분석하여 대상을 구분하거나 움직임을 파악하는 기술입니다. 현재 보안 시스템에서 얼굴로 인증하는 기술로 활용되고 있습니다. 앞으로는 로봇이 주인의 얼굴을 파악하는 기술 등으로 활용될 것입니다.

'추론 엔진'은 컴퓨터가 학습을 통해 인간의 사고 과정과 유사한 지식을 습득하여 지능을 구현하는 기술입니다. 사람들이 흔히 인공 지능이라고 부르는 기술로, 현재 두 가지 방향으로 연구되고 있습니다. 하나는 인간의 사고 과정을 컴퓨터를 통해 논리적으로 구현하려는 연구입니다. 다른 하나는 인간의 뇌의 생리적 부분과 유사하게 하려는 연구인데, 이를 위해 바이오컴퓨터(biocomputer)가 연구되고 있습니다.

바이오컴퓨터는 인간이나 동물의 뇌가 지니는 정보 처리

기능을 바탕으로 만들어진 컴퓨터입니다. 인간의 뇌는 연산 능력에서 도저히 컴퓨터를 따라가지 못하지만 패턴 인식이나 추론, 학습 능력 등은 컴퓨터보다 훨씬 뛰어납니다. 이 때문에 뇌에서 행해지는 패턴 인식이나 학습, 기억, 추리, 판단 등 고도의 정보 처리 기능을 적용하여 개발하고 있는 컴퓨터가 바이오컴퓨터입니다.

바이오컴퓨터를 실현하는 방법에는 두 가지가 있습니다. 첫 번째는 현재의 실리콘 반도체 소자를 사용하여 뇌의 기능을 구현하는 것이고, 다른 방법은 바이오칩(biochip)을 사용하는 것입니다.

바이오칩은 종래의 실리콘 소자 대신 단백질을 이용합니다. 단백질로 기판을 만든 뒤 그 위에 유기 분자를 입히고, 아미노산 결합물로 회로를 구성하는 한편 스위치 회로에는 효소를 사용합니다.

바이오칩은 집적도를 비약적으로 높일 수 있어서 초소형·초고밀도·초고속 컴퓨터의 실현이 가능합니다. 하지만 아직 제조 조건이나 외부 제어계와의 연동 등 해결해야 할 과제가 많습니다. 바이오칩을 사용하지 않는 방법은 현재의 회로 기술로 실현이 가능하나 회로가 너무 복잡해지는 단점이 있습니다.

바이오컴퓨터의 하나로 뉴로컴퓨터(neurocomputer)가 있습니다. 뉴로컴퓨터는 생물의 뇌와 신경계를 모방한 회로 소자를 조립해서 만든 컴퓨터입니다. 뉴로컴퓨터는 뇌의 우수한 정보 처리 능력을 인공적으로 실현하는 것을 목적으로 하며, 패턴 인식, 음성 분석, 언어 해석, 자기 학습 등의 인공 지능 분야에 활용됩니다.

최초의 전자식 컴퓨터 애니악은 집채만큼이나 컸습니다. 하지만 연산 속도는 지금의 노트북이 수만 배 이상 빠릅니다. 진공관 대신 트랜지스터와 반도체 칩이 개발되었기 때문입니다.

오늘날 기상청의 일기 예보에 쓰이는 슈퍼컴퓨터는 큰 교실만 한 공간을 차지하고 있으며 노트북보다 수천 배 이상 빠릅니다. 이런 슈퍼컴퓨터를 노트북만큼 작게 만들 수 있을까요?

미래에는 양자 컴퓨터가 등장하여 이것이 가능해질 것입니다. 양자 컴퓨터는 0 또는 1의 이진수를 기본으로 하는 디지털 컴퓨터와는 달리 0과 1이 동시에 존재하는 양자역학의 특성을 이용합니다. 병렬 처리가 가능해 수많은 계산을 동시에 수행해 정답을 내놓을 수 있습니다. 기존의 컴퓨터로 해결하기 어려웠던 다양한 문제들, 예를 들어 패턴 인식이나 최단 거리 찾기 등의 계산을 빠르게 해낼 수 있습니다.

양자 컴퓨터를 만들려면 반도체 칩 안의 회로 굵기가 수십 나노미터 정도로 가늘어져야 합니다. 또한 전자의 상태를 읽을 수 있는 기술과 전자를 마음대로 다룰 수 있는 기술이 개발되어야 합니다.

세상을 바꾸는 인공 지능

인공 지능 기술이 활용될 수 있는 분야는 무궁무진합니다. 인공 지능 기술은 거의 모든 컴퓨터와 전자 기기에 적용될 수 있습니다. 예를 들어 인터넷 서비스에서부터 홈네트워킹, 자동차 텔레메트릭스, 병을 진단하는 진단 프로그램 등에 활용될 수 있습니다.

인터넷 서비스에 인공 지능 기술이 적용되면 음성으로 필요한 정보를 찾을 수 있고 또 원하는 곳으로 정보를 보낼 수도 있습니다. 이 일은 음성 인식 기술을 이용하여 컴퓨터에 원하는 명령을 전달하여 수행하게 하는 방식으로 이루어질 수 있습니다.

홈네트워킹에 인공 지능 기술이 적용되면 모든 것을 알아서 해 주는 꿈의 집이 됩니다. 주인은 인공 지능 기기와 대화하면서 집 안의 조명이나 온도 조절, 가전 기기 조작 등을 할

수 있게 됩니다. 예를 들어 집에 들어와서 "덥다"고 말하면 컴퓨터가 '덥다'가 무슨 뜻인지 검색해서 알아낸 다음 유추해서 에어컨을 켜 줍니다. 또 "오늘 신문 1면은?"이라고 말하면 신문의 해당 면을 찾아서 읽어 줍니다. 이뿐이 아닙니다. 인공 지능 컴퓨터에는 집 안의 구성원을 파악하여 들어온 사람이 외부 침입자인지 아닌지를 판단하여 적절히 대처하도록 하는 보안 기술도 적용됩니다.

자동차에 인공 지능이 도입되면 공상 과학 영화에서 보던 새로운 자동차가 탄생하게 됩니다. 컴퓨터가 자동으로 운전하는 자동 주행 시스템이 도입되어 사람이 직접 운전하지 않아도 됩니다. 이렇게 되면 술을 마셔도 대리운전을 부르거나 음주운전을 하는 일이 없겠죠?

가속이나 제동 페달을 밟지 않아도 자동으로 속도를 내거나 늦추고 미리 입력한 목적지에 가서 멈추는 자동차가 이미 나와 있습니다. 운전 중에 음성으로 기기들을 조작할 수도 있고, 경로 검색 기능이 있는 내비게이션도 개발되고 있습니다.

가까운 미래에 운전 장치 없이 뇌파를 이용해서 운전하는 인공 지능 자동차도 나올 것입니다. 이렇게 되면 정상인뿐만 아니라 말을 못하거나 팔다리나 몸을 마음대로 움직이기 힘든 장애인도 운전을 할 수 있게 될 것입니다.

자동차에 인공 지능이 도입되면 사람이 운전할 때보다 사고도 훨씬 줄어들게 될 것입니다. 인공 지능 자동차가 다른 차와의 안전 거리를 지키기 위하여 알아서 속력을 조절하고, 장애물을 감지하여 방향 전환을 함으로써 위험한 상황을 피할 것이기 때문이죠. 그뿐이 아닙니다. 유비쿼터스 기술의 도움을 받아서 막히는 길은 미리 피해 가니 사고 위험이나 교통 체증 문제도 생기지 않을 것입니다.

여러분은 외국 여행을 해 보셨나요? 외국을 여행할 때 가장 불편한 점은 무엇일까요?

__시차요.

__아니요, 언어예요!

물론 시차가 크면 시간의 리듬이 달라져서 몸이 힘들지만 며칠 지나면 적응이 되죠. 하지만 언어는 며칠 만에 익힐 수 없는 것이어서 불편함이 오래 지속되죠. 영어권 국가라면 짧은 영어로 어느 정도 의사소통할 수 있겠지만, 비영어권 국가라면 그마저도 힘듭니다. 만일 여행 중에 아프거나 다치기라도 한다면 더욱 난감하죠.

하지만 인공 지능 기술이 발전하면 이런 문제들이 해결되어 외국 여행하기가 쉬워질 것입니다. 외국어 통역기가 나올 테니까요.

외국어 통역기에는 여러 가지 인공 지능 기술이 사용됩니다. 무엇보다 먼저 사람이 말하는 것을 인식하는 음성 인식 기술이 필요합니다. 현재 음성 인식률은 약 70% 수준이지만, 앞으로 정확도는 계속 높아질 것입니다.

다음에는 말하는 내용을 파악하는 내용 파악 기술이 필요합니다. 이는 번역 과정에 해당하는 기술입니다. 그동안 문법이나 단어를 기준으로 한 번역 기술이 많이 시도되었지만, 어순이 다른 언어에 적용하기에는 한계가 있습니다. 이를 해결하기 위해서 사례를 기반으로 번역하는 기술이 주목을 받고 있습니다. 이 기술은 많은 사례를 데이터베이스에 저장해 두었다가 가장 유사한 표현을 추출해서 번역하는 것입니다.

그다음으로 필요한 기술은 음성 합성 기술입니다. 이는 번역된 내용을 다시 음성으로 말해 주는 기술입니다. 이미 몇몇 통역기 애플리케이션이 스마트폰에서 제공되고 있어서 미군이 비영어권에서의 임무 수행에 이용하고 있습니다.

이와 같은 외국어 통역기가 활성화된다면 세상은 분명히 바뀌게 될 것입니다. 세상은 어떻게 바뀔까요?

__외국어를 안 배워도 돼요!

그렇지는 않겠지만 외국어 교육의 기본 틀은 바뀔 것입니다. 단어 암기와 문법 분석, 회화를 중심으로 이루어지던 외국어 교육이 문화 중심 교육으로 바뀔 것입니다. 그리고 국가 간 언어 소통이 쉬워진 만큼 교류도 활발해지고 글로벌화도 촉진될 것입니다.

미래에는 컴퓨터와도 대화로 소통하게 될 것입니다. 키보드나 마우스로 컴퓨터에 명령을 내리거나 일을 시키는 것이 아니라 컴퓨터와 자연스럽게 대화하면서 일을 맡기고 그 결과 역시 말로 통보받는 일이 가능해질 것입니다.

문제는 디지털 두뇌를 인간의 두뇌와 같이 정보 처리할 수 있게 만드는 것입니다. 하지만 이것 역시 컴퓨터 정보 처리 기술의 관점에서 정보 분석, 정보 요약 및 자동 분류, 그리고 정보 검색 기술을 활용하면 가능합니다.

미래에는 인공 지능 컴퓨터가 인간의 일을 하나씩 떠맡게 됩니다. 여기에는 자동차 운전과 같이 일상적인 일이나 화재 진압과 같이 위험한 일들은 물론 외과 수술과 같이 고도의 전문성을 요하는 일들도 포함됩니다. 이로 인해 사람들의 일자리가 줄어들 것이 걱정될 수도 있을 것입니다. 산업 혁명 때나 공장 자동화로 일자리가 많이 줄어들었을 때 걱정을 하였지만, 사람들은 결국 다른 일을 찾아 나서게 되었음을 상기하고 지혜를 모으면 도움이 될 것입니다.

현실 같은 가상 현실

혹시 '가상 현실'이라는 말을 들어 봤나요?

＿게임 용어 아닌가요?

게임에서 많이 쓰기는 하지만 꼭 게임 용어만은 아닙니다. '가상 현실(virtual reality)'이란 컴퓨터에 의해 구현된 모사 상황을 말합니다. 현실이 아닌데 현실같이 느껴지도록 만드는 기술입니다. '진짜 같은 가짜'라고나 할까요? 가상 현실은 완벽하게 구현될수록 더욱 진짜같이 느껴집니다.

혹시 〈매트릭스(The Matrix)〉라는 영화를 본 적이 있나요?

＿ 네.

'매트릭스'는 가상 현실을 소재로 한 영화입니다. 영화 속의 사람들은 인공 두뇌가 지배하는 가상의 세계에서 살아갑니다. 그들의 뇌는 가상 현실 기계에 연결되어 있는데 그 가상 현실이 너무 완벽하여 아무도 그 진실성을 의심하지 못합니다.

가상 현실을 구현하려면 인간의 오감을 속여서 현실처럼 느끼게 해야 합니다. 따라서 가상 현실을 구현하기 위해서는 인간의 감각을 흉내 내는 기술을 활용하게 됩니다. 여기에는 시각, 청각, 촉각은 물론 운동과 가속에 대한 감각도 포함됨니다. 컴퓨터는 이런 감각 현상들을 사용자가 마치 그 세상에 들어간 것처럼 느끼도록 제공합니다. 그러면 사용자는 현실을 잊고 화면 너머에 있는 새로운 세상으로 이동한 것처럼 여기게 되죠.

인간의 오감을 어떻게 기계로 구현할 수 있을까요? 아직 인간의 오감을 모두 구현하는 기술은 개발되지 않았습니다. 그렇지만 헬멧을 쓰고 장갑을 끼고 특수 신발을 신는 것으로 어느 정도 감각을 체험할 수 있습니다.

예를 들어 시각은 여러 가지 방법으로 구현할 수 있는데, 그 중의 하나는 고해상도 영상을 이용하여 아이맥스 영화관처럼 시야보다 큰 화면을 보여 주는 특수 안경을 쓰는 것입니다.

청각은 입체 음향을 이용하여 구현할 수 있습니다. 실제 환경을 모방하는 입체 음향을 만들려면 가상의 음원과 대상에 대한 이용자의 위치를 계산해야 하는 등 여러 가지 문제가 있습니다.

후각은 인공적인 향을 이용하여 구현합니다. 기본적인 강한 냄새를 사용하는 가상 현실 기술이 개발되었으나, 좀 더 다양하고 섬세한 향을 개발할 필요가 있습니다.

촉각은 촉감을 전달하는 장갑을 끼게 함으로써 구현할 수 있습니다. 사실적인 촉감을 구현하기 위해서는 물체의 온도

와 모양, 굳기, 힘 등도 전달해야 할 것입니다.

미각은 가장 구현하기 어려운 감각으로 아직 성공하지 못했습니다. 미각을 구현하려면 신경 연결 장치 같은 것을 이용하여 뇌를 직접 자극해야 될 것입니다.

과학자들은 왜 힘들게 가상 현실을 구현하려고 할까요? 가상 현실은 어떤 곳에 쓸모가 있을까요?

__게임이오.

그렇죠. 그런데 게임을 너무 좋아하는 것 같군요. 게임은 현실감이 느껴질수록 게임이 더욱 실감 나겠죠. 게임은 가상 현실을 꿈꾸어 왔습니다. 어쩌면 게임의 목표는 완벽한 가상 현실의 구현인지도 모릅니다. 가상 현실을 이용한 모험이나 전투 게임은 진짜같이 실감 나고 흥미진진하여, 사용자가 게임에 몰입하게 되겠지요.

그렇지만 가상 현실이 단순한 오락거리로만 활용될 것은 아닙니다. 게임도 어떤 용도로 개발되느냐에 따라 단순한 오락에 머무를 수도 있고 교육이나 훈련이 될 수도 있습니다. 이 때문에 교육도 게임으로 개발될 수 있고, 훈련도 게임으로 개발될 수 있습니다. 실제로 게임으로 개발된 교육이나 훈련이 학습 효과가 더 좋다는 연구 결과도 있습니다.

가상 현실은 사람들이 일상적으로 경험하기 어려운 상황이나 환경을 직접 체험하게 해 주는 장점이 있습니다. 마치 내가 그 환경에 들어가 있는 것처럼 느끼고 조작하는 훈련이나 교육 등에 활용될 수 있습니다.

예를 들어 탱크나 전투기를 조종하는 훈련이나 외과의의 수술 실습 등에 활용될 수 있습니다. 이들은 가상 현실 시뮬레이터에 의하여 만들어진 상황 속에서 직접 위험에 처하지 않으면서 다양한 역할 훈련을 할 수 있습니다. 가상 현실은 건물이나 가구 배치 설계에도 이용될 수 있고, 정신적 상처를 입은 사람들을 위한 치유에도 이용될 수 있습니다. 또 광고나 판매 등에도 이용될 수 있습니다.

디지털 복제 인간, 아바타

오늘날 우리는 인터넷 가상 공간에서 또 다른 나, 다시 말해 가상 세계의 나를 만들어 가고 있습니다.

인터넷상에서 블로그를 운영하거나 친구를 사귀고, 게임을 하고, 물건을 사고팔다 보면, 인터넷상에는 나에 대한 정보들이 계속 쌓여 갑니다. 이렇게 되면 누군가가 인터넷을 뒤지면 나의 사진, 학력, 경력, 취미 활동을 알 수 있을 것이고,

각종 웹 사이트의 방문 기록이나 인터넷 상점에서 구매한 서적과 물건들을 종합하면 나라는 존재가 어떤 생활을 즐기고 수준이 어느 정도인지도 알 수 있습니다. 가상 세계에 이미 내가 존재하고 있는 셈입니다.

미래에는 나의 개인 정보를 모아 나를 표현하는 가상 세계의 나의 아바타를 만들어낼 수 있을 것입니다. 초기의 아바타는 단순히 나의 외모와 성격만 반영한 디지털 복제 인간에 불과하겠지만, 아바타에 인공 지능을 심게 되면 가상 세계의 나의 아바타는 나보다 더 나를 잘 아는 또 다른 내가 될 것입니다. 현실의 나는 불완전하여 내가 가진 정보와 능력을 망각하기도 하고 때로는 감정에 휘둘리기도 하지만 가상 세계의 나의 아바타는 뛰어난 기억력과 추론 능력을 갖춘 초능력 두뇌를 지닐 것입니다.

디지털 아바타를 이용한 인간 복제는 생물 복제 기술을 이용한 인간 복제와는 다릅니다. 생물 복제 기술을 이용하는 인간 복제는 기술적으로도 쉽지 않지만 수많은 도덕적·윤리적 논란을 안고 있습니다. 하지만 디지털 아바타를 이용하는 인간 복제는 도덕적·윤리적 문제가 없을 뿐 아니라, 나의 복제 인간을 통해 사회 활동을 다양하게 확산시킬 수 있다는 점에서 발전 가능성이 무한합니다.

　미래에는 역사 속의 인물들도 디지털로 재생시킬 수 있을 것으로 보입니다. 디지털 영상과 인공 의식을 컴퓨터로 재현하는 기술도 안중근 의사나 간디, 다윈 같은 역사적 인물들의 의식과 행동을 재현시키는 거지요. 따라서 나에 대한 모든 정보를 저장해 두면 미래에 나의 디지털 복제 인간이 가상 세계에서 재현될 수도 있을 것입니다.

과학자의 비밀노트

전파 식별(RFID, Radio Frequency Identification)

전파 신호를 통해 물건에 부착된 태그(Tag)를 인식하여 물건을 식별하는 시스템으로 '무선 인식'이라고도 한다. 전파로 태그 안의 작은 메모리 칩에 저장된 정보를 읽어서 식품, 사물, 동물 등을 인식하고 관리할 수 있는데, 가장 쉽게 볼 수 있는 예는 교통 카드나 신분증이다.

전파 식별 시스템은 태그, 안테나, 판독기로 구성된다. 태그에는 메모리 칩과 안테나가 있어서 정보를 무선 신호로 내보내고, 판독기는 신호를 받아 정보를 해독한 후 컴퓨터로 보내 처리하게 한다. 제2차 세계 대전 당시 영국군이 아군 전투기와 적군 전투기를 자동 식별하기 위해 개발하였으며 오랫동안 군사용으로 사용해 왔다. 하지만 최근에는 반도체 기술의 발달로 태그가 소형화되고 단가도 싸지면서 다양한 분야에 적용되고 있다. 전파 식별 태그는 크게 능동형과 수동형으로 구분되는데, 능동(Active)형은 에너지를 공급할 전원을 필요로 하는 반면, 수동(Passive)형은 판독기의 전자기장에 의해 작동된다. 능동형은 판독기의 전력 소모가 적고 먼 거리까지 인식할 수 있는 장점이 있지만 전원 공급을 필요로 하므로 작동 시간에 제한을 받고 단가가 비싼 단점이 있다. 수동형은 상대적으로 가볍고 단가가 쌀 뿐 아니라 반영구적으로 사용할 수 있다는 장점이 있지만, 인식 거리가 짧고 전력 소모가 많은 단점도 있다.

만화로 본문 읽기

영화에서 보니까 미래엔 전화기 하나만으로 운전도 하고 집안일도 다 할 수 있던데, 그게 가능할까요?
유비쿼터스 세상 말이군요. 정보 통신 기술이 발전되면 가능하죠.

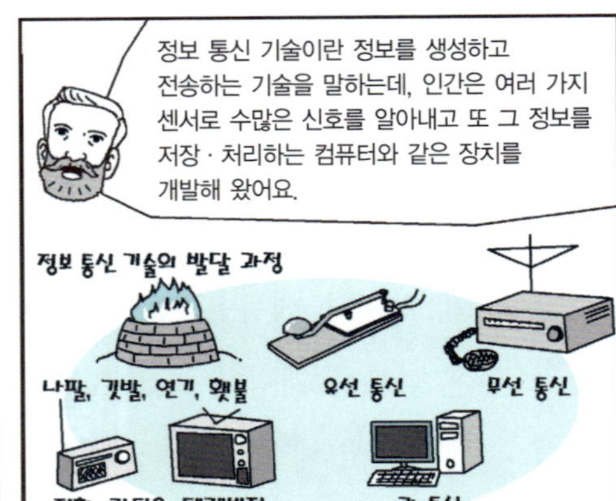
정보 통신 기술이란 정보를 생성하고 전송하는 기술을 말하는데, 인간은 여러 가지 센서로 수많은 신호를 알아내고 또 그 정보를 저장·처리하는 컴퓨터와 같은 장치를 개발해 왔어요.
정보 통신 기술의 발달 과정
나팔, 깃발, 연기, 횃불
유선 통신
무선 통신
전화, 라디오, 텔레비전
광 통신

이렇게 발달된 정보 통신 기술로 모든 것이 연결되고 소통되는 환경을 유비쿼터스 통신이라고 해요. 시간과 장소에 구애받지 않고 언제 어디서나 자유롭게 통신망에 접속할 수 있는 환경을 의미한답니다.
와~, 정말 편하겠네요.
휴대전화로 미리 에어컨을 켜 놓아야지.
오늘의 건강 검진 결과를 병원으로 전송했습니다.
구매하신 모든 물건이 지금 결제 되었습니다.

그럼 컴퓨터는 어떻게 발전되 될까요?
생각하고 배우고 느끼는 사람의 능력을 컴퓨터 프로그램으로 실현한 기술을 인공 지능이라고 하는데, 현재 인공 지능 컴퓨터가 연구되고 있어요.
인공 지능 컴퓨터의 기능
추론 기능 - 학습하여 지능을 지니는 기능
음성 인식 - 사람의 음성을 인식하는 기능
영상 인식 - 영상을 통해 사람을 구분하거나 동작을 파악하는 기능
자연어 처리 기술 - 문장을 분석하는 기술

인공 지능은 어디에 사용될까요?
인공 지능 기술은 거의 모든 컴퓨터와 전자 기기에 적용될 수 있어요. 인터넷 서비스에서 홈네트워킹, 자동차 텔레메트릭스, 질병 진단 프로그램 등에 활용될 수 있습니다.
오~, 호와~.
지금 방 안의 온도를 높이고 좋아하시는 만화 영화 프로그램을 시작하겠습니다.

그리고 정보 통신 기술의 발달은 현실이 아닌 상황도 현실처럼 느껴지게 하는 가상 현실과 개개인의 정보를 모아 그 사람을 표현하는 가상의 디지털 아바타를 만드는 디지털 인간 복제 기술도 가능하게 할 것입니다.
미래에 나의 디지털 복제 인간도 나타날 수 있겠군요!
엘비스와 함께하는 흘러간 노래 시간입니다~.
난 마릴린 먼로가 더 좋은데.

4

인간의 대리자를 개발하는
로봇 과학 기술

인간의 오랜 꿈인 로봇, 산업 현장에서부터 일상 생활까지
빠르게 진화하고 있는 로봇을 만나 봅시다.

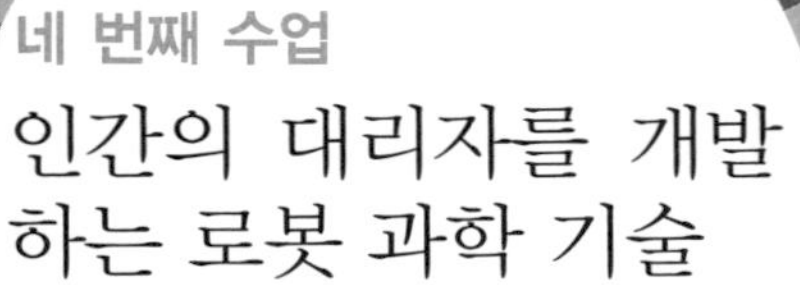

인간의 대리자를 개발하는 로봇 과학 기술

교.	중등 과학 1	파동
과.	중등 과학 1	빛
연.	중등 과학 2	전기
계.	중등 과학 3	전류의 작용

사람을 쏙 빼닮은 로봇을 한 손에 든
젤 베른이 네 번째 수업을 시작했다.

이번 시간에는 우리의 미래를 바꾸어 놓을 세 번째 과학 기술로서 로봇 과학 기술에 대해서 알아보도록 하겠습니다.

로봇은 불과 얼마 전만 해도 공상 과학이나 영화의 주인공으로 치부되었지만, 이제는 엄연한 현대 과학 기술의 총아로 자리 잡아 가고 있습니다.

오늘날 로봇은 단순한 산업용에서부터 춤추고 계단을 오르고 피아노를 치고 심지어 체스를 두는 로봇까지 등장하고 있습니다. 로봇은 과학관이나 산업 일선뿐 아니라 사람이 갈 수 없는 깊은 바닷속과 머나먼 우주 공간까지 가서 인간을 대

신하여 뛰어난 능력을 발휘하고 있습니다. 미래에는 눈에 보이지 않는 로봇이 인간의 혈관 속으로 들어가 병균을 물리치고 세포를 치료하게 될 것이라는 전망도 나오고 있습니다.

공상 과학의 주인공, 로봇

여러분은 로봇을 좋아하나요? 로봇은 어떻게 생겼나요?
__사람처럼 생겼어요.

만화 영화를 너무 많이 본 거 아닌가요? 만화 영화에 등장하는 로봇들은 사람을 닮았어요. 그래서 사람들은 흔히 '로봇' 하면 만화 영화 속의 로봇을 떠올리죠.

로봇은 인간의 오랜 꿈의 실현이라고 할 수 있습니다. 사람들은 흙이나 나무, 돌 등으로 사람 모양을 만들고 말하고 움직이기를 바랐으니까요. 동화의 주인공인 피노키오나 움직이고 노래하는 자동 인형들은 그런 소망의 표현이죠. 피노키오는 자식이 없는 목수가 나무를 깎아서 만든 목각 인형이었고, 자동 인형은 톱니나 태엽 장치를 이용하여 움직이고 노래하도록 만든 것이죠.

로봇은 과학 소설가들에겐 정말 매력적인 소재랍니다. 하지만 저는 로봇을 소재로 과학 소설을 쓰지는 않았습니다. 그땐 로봇이라는 단어도 없었거든요. '로봇(robot)'은 체코의 극작가 카렐 차페크(1890~1938)가 쓴 희곡에서 온 말입니다. 90년 전의 일이죠. 로봇은 체코어로 '일한다(robota)'는 뜻입니다.

로봇을 주인공으로 한 과학 소설을 많이 쓴 작가는 러시아 태생의 과학 소설가 아이작 아시모프(Isaac Asimov, 1920~1992)입니다. 아시모프는 로봇을 연구하는 학문을 '로봇 공학'이라 명명하고, 다음과 같은 로봇 공학의 3원칙을 제시하였죠.

제1조 : 로봇은 인간에게 해를 끼쳐서는 안 되며, 인간이 해를 입도록 놔 두어서도 안 된다.

제2조 : 로봇은 제1조에 위배되지 않는 한 인간의 명령에 절대 복종해야 한다.

제3조 : 로봇은 제1조와 제2조에 위배되지 않는 범위에서 스스로를 보호해야 한다.

이 원칙은 로봇이 인간에게 해를 입히지 않도록 하기 위한 것으로, 오늘날 로봇 프로그래밍을 연구하는 학자들에게 중

요한 원칙이 되고 있습니다.

그런데 혹시 〈아이 로봇(I, Robot)〉이라는 영화를 봤나요?

— 네.

본 사람도 있군요. 이 영화의 소재는 로봇 3원칙입니다. 이 영화는 지능을 갖춘 로봇에게 생활의 모든 편의를 제공받으며 살아가는 2035년을 배경으로 하고 있습니다. 감성과 자유 의지를 지닌 한 로봇이 로봇 3원칙이 지닌 위험과 모순을 의심하는 데에서 이야기가 시작됩니다.

진화하는 로봇 과학 기술

로봇은 이미 널리 활용되고 있습니다. 일하고 있는 로봇을 본 적이 있나요?

— 네.

어디서 봤나요?

— 과학관이오.

네에? 그 로봇들은 전시용입니다. 대부분의 로봇들은 산업 현장에서 일하고 있죠. 그런데 산업용 로봇들은 사람의 모습을 닮지 않았습니다. 이들은 특정한 한두 가지 일만을 전문

적으로 맡아서 하는 특수 로봇이거든요. 이들의 팔에는 손 대신 용접기나 드릴, 스프레이 등이 달려 있죠.

산업용 로봇은 1954년 미국의 공학자 조지 데벌이 만든 '프로그램 제어식 자재 이동 장치'가 시초입니다. 이 장치는 공장에서 필요로 하는 자재를 공장 한쪽에서 다른 쪽으로 옮겨 주는 것입니다. 데벌은 처음으로 자동 제어되는 로봇 팔을 만들었는데 구조상 사람의 팔과 비슷했습니다. 데벌이 만든 로봇 팔의 구조는 산업용 로봇에서 일반적으로 사용되었습니다.

오늘날 산업용 로봇이 가장 많이 사용되고 있는 곳 중의 하나는 자동차 생산 공장이죠. 현재까지는 용접이나 도장 등 비교적 간단한 작업에 많이 사용되고 있지만, 점점 조립, 가공 같은 어려운 일에도 응용되고 있습니다. 모든 생산 과정이 컴퓨터에 의해 조종되고, 몇 사람의 관리자 외에는 사람 대신 로봇들이 알아서 물건을 생산하는 무인 공장이 눈앞에 다가오고 있습니다.

이런 공장에서는 어떤 모델의 자동차를 만들다가 다른 모델의 자동차를 만들려면 생산 라인을 뜯어고칠 필요가 없습니다. 프로그램만 바꾸어 주면 됩니다. 이렇게 되면 이 공장에서는 소비자들이 원하는 갖가지 특성을 살린 '주문 자동

차'도 값싸게 만들 수 있게 됩니다. 몇 사람의 감독을 제외하고는 로봇이 모든 일을 처리하는 '무인 공장'에서 소비자가 원하는 수천 가지 자동차가 척척 굴러 나올 날도 멀지 않았습니다.

로봇의 발전 과정은 3세대로 구분됩니다. 제1세대는 산업 현장에서 볼 수 있는 초기의 로봇입니다. 이들은 '자동 제어' 장치라 불리는 컴퓨터와 연결되어 사람의 손이나 팔을 대신하는 가장 단순한 로봇이죠. 사람처럼 잠을 자거나 쉬지 않고, 힘도 훨씬 세며, 한 치의 오차도 없이 정밀한 작업을 할 수 있습니다.

제2세대는 오늘날 산업용 로봇의 주류를 이루는 로봇으로 감지기(센서)가 있어서 상황 식별을 할 수 있습니다. 감지기로 자세를 바로잡거나 간단한 물체를 식별할 수 있어서 사람의 지시를 받지 않고도 작업을 할 수 있습니다.

예를 들어 자동차 도장을 하는 로봇이 1세대 로봇이라면 도장해야 할 자동차가 어떤 이유로 제때에 도착하지 않아도 시간이 되면 페인트를 뿜어내어 페인트를 낭비하거나 엉뚱한 곳에 칠할 수 있습니다. 하지만 2세대 로봇은 그럴 염려가 없죠. 정해진 위치에 일감이 오지 않으면 센서가 이를 감지하여 페인트를 뿜어내지 않기 때문이죠.

제2세대 로봇은 조종기와 감지기, 제어 장치, 그리고 동력 변환 장치로 구성됩니다. 조종기는 사람의 팔에 해당하며, 물건을 옮기거나 구멍을 뚫고 용접을 합니다. 감지기는 사람의 눈이나 귀와 같은 감각 기관으로 물체를 식별하거나(적외선 센서), 위치와 속도(위치 센서), 소리(소리 센서) 등을 감지합니다. 제어 장치는 사람의 두뇌에 해당하며 감지기가 보내온 정보에 따라 로봇의 움직임을 조절하고 오동작이 일어나지 않도록 감시합니다. 제어 장치에 연결된 컴퓨터는 로봇 팔이 원활하게 작업하도록 지시를 내립니다. 동력 변환 장치는 제어 장치의 지시를 받아 로봇 팔이 움직이도록 에너지를

공급합니다. 로봇 팔에는 아주 정밀한 모터가 달려 있어서 한 치의 오차도 없이 매우 정밀한 작업을 할 수 있습니다.

제3세대 로봇은 판단이나 식별이 필요한 고급 작업을 할 수 있습니다. 제1세대, 제2세대의 로봇이 사람의 동작을 단순히 흉내 내는 데 비해, 제3세대 로봇은 상당한 지능을 가져서 복잡한 작업을 할 수 있습니다. 예를 들어 불량품을 골라낸다거나 도면을 판독할 수 있습니다. 최근에는 인공 지능을 갖춘 컴퓨터의 발전으로 점점 더 복잡한 일들을 담당하고 있습니다.

사람을 닮아 가는 로봇

앞에서 살펴본 산업용 로봇들은 전혀 사람을 닮지 않았습니다. 사실 산업용 로봇이 사람을 닮을 필요는 없습니다. 그럼에도 불구하고 로봇 과학자들은 사람을 닮은 휴먼 로봇 개발에 열을 올리고 있습니다. 따라서 미래의 로봇들은 점점 더 사람을 닮아 갈 것입니다. 왜 그럴까요?

＿사람을 대신해야 하니까요.

그렇습니다. 앞으로 로봇들은 사람이 하는 일들을 더 많이 하게 될 것입니다. 한 자리에서 한두 가지 일만 반복하는 로봇에게는 다리가 필요 없습니다. 그리고 손보다는 용접기나 드릴이 필요하지요. 하지만 사람의 지시를 받아서 장소를 이동해 가며 사람이 하는 여러 가지 일을 할 수 있으려면 아무래도 사람처럼 만드는 것이 좋겠지요.

로봇이 자유롭게 옮겨 다닐 수 있으려면 이동 장치가 필요합니다. 로봇의 이동 장치는 처음에 바퀴로 제작되었습니다. 하지만 바퀴는 산이나 도로가 없는 곳, 문턱을 지나거나 계단을 오르내리기 힘들었습니다. 그래서 보행기를 개발하게 되었습니다.

최초로 만들어진 보행기는 동물이나 곤충의 다리를 모방한 4족 보행기였습니다. 당시의 기술로는 두 발보다는 네 발로 걷는 것이 더 안정적이었기 때문입니다. 뒤이어 6족 보행기도 개발되었습니다. 보행기 개발 기술이 발전하면서 마침내 2족 보행기도 개발되었습니다. 처음으로 2족 보행기를 단 '와봇 1호'는 사람과 마찬가지로 한 발을 떼고 무게 중심을 그쪽 발로 옮긴 다음 다시 한 발을 떼어 놓는 방식으로 느릿느릿 걸었습니다.

사람의 손의 기능을 모방한 로봇 손도 개발되고 있습니다. 사람 손처럼 감각을 갖고 손가락들이 부드럽게 움직이도록

말입니다. 이 기술이 완성되면 사람 손보다 훨씬 뛰어난 감각과 세밀한 움직임을 갖춘 로봇 손이 만들어질 것입니다. 그렇게 되면 멋지게 피아노를 연주하는 로봇, 정밀한 외과 수술을 하는 로봇, 요리를 하는 주방장 로봇들이 등장하게 될 것입니다.

현재 맹인의 길잡이 역할을 하는 로봇 개, 병원에서 환자를 돌보는 간호 로봇, 가정에서 청소를 해 주는 청소 로봇, 아이와 놀이나 게임을 하는 엔터테인먼트 로봇 등이 개발되고 있습니다. 이런 로봇들은 산업용 로봇과는 달리 상당한 수준의 고급 지능을 필요로 하기 때문에 인공 지능을 갖춘 컴퓨터와 결합해서 개발되고 있습니다.

로봇이 인간의 대리자로 발전하는 데에는 컴퓨터의 역할이 지대했습니다. 만약 컴퓨터가 오늘날과 같은 수준으로 발전하지 않았다면 지능 로봇은 물론 단순한 산업용 로봇도 상상하기 어려웠을 것입니다. 앞으로 인공 지능이나 뉴로컴퓨터와 결합되면 인류의 오랜 꿈인 '지능을 가진 로봇'도 등장하게 될 것입니다.

로봇이 사람을 닮아 갈수록 점점 더 사람이 하던 일들을 대신 하게 될 것입니다. 그러면 어떻게 될까요?

＿＿ 일은 로봇이 하고, 사람들은 놀겠죠.

__ 모두 실업자가 되는 건 아닌가요?

그렇지는 않을 겁니다. 인간은 인간이 할 수 있는 일, 로봇이 할 수 없는 일을 하게 될 겁니다. 사실 18세기에 산업 혁명이 일어났을 때나 20세기에 공장 자동화가 이루어졌을 때에도 사람들은 불안해했습니다. 기계가 사람들의 일자리를 빼앗아 가는 것이 아닌가 하고 말입니다. 하지만 지나고 보니 이런 걱정은 기우에 불과했습니다.

그동안 인간은 기계에게 맡겨도 될 일들을 많이 하고 있었습니다. 오늘날 기계가 하고 있는 일들을 살펴보세요. 예를 들어 곡물을 빻거나 옷감을 짜는 일을 예전에는 모두 사람이 했습니다. 기계의 발명으로 이런 일은 기계가 하고, 인간은 단순하거나 힘을 쓰는 일보다는 복잡하고 지적인 일들을 하게 되었죠. 미래에도 이와 비슷한 일이 일어날 것입니다. 그때도 로봇이 하는 일과 인간이 하는 일은 구별될 것입니다.

나를 닮은 복제 로봇

로봇의 행동과 생각이 점점 더 사람을 닮아 가고 인조 피부를 만드는 기술이 발전하면, 미래에는 로봇과 사람이 구별되

지 않을 정도로 닮을 수도 있습니다.

만약에 쌍둥이처럼 나를 빼닮은 로봇이 있다면 어떨까요?

__나 대신 학교에 보내고 싶어요.

왜요? 공부하기 싫어요?

오늘날 현대인은 바쁘게 살아가고 있습니다. 알아야 할 지식과 정보는 점점 더 많아지고, 각종 모임과 활동들도 많아져서 여유를 갖고 살기 힘듭니다. 미래에는 더욱 심해질 것입니다. 이렇게 되면 나의 분신이 하나 있으면 좋겠다는 생각을 하게 되겠죠? 그가 나의 일을 나눠서 해 주면 많은 일을 하면서도 여유롭게 시간을 즐길 수 있을 테니까요.

몇 년 전에 개봉된 〈서로게이트(Surrogates)〉라는 미국 영화에는 대리 로봇이 자기 대신 직장 생활을 하는 장면이 등장합니다. 미래에 이런 일이 가능할까요?

__가능해요.

그렇습니다. 지난 시간에 가상 공간에 자신의 복제 아바타를 둘 수 있는 때가 올 것이라고 했습니다. 만약 이 일이 가능해지면 현실 세계에서 나의 복제 로봇을 만드는 것도 가능해질 것입니다. 가상 공간에 존재하는 나의 아바타의 두뇌를 나를 닮은 로봇에 이식시키면 될 테니까요.

미래에는 나의 복제 로봇이 나를 도와줄 수 있을 것입니다.

이 로봇이 나의 외모를 닮지 않았어도 또 다른 내가 될 것입니다. 내가 생각하는 방식, 내가 기억하는 내용을 똑같이 처리할 것이기 때문입니다. 이 로봇은 내가 평소 하던 방식대로 사물을 대하고, 내가 별도로 지시하지 않아도 나의 취향에 따라 행동하고 판단할 것입니다. 이 로봇이 나를 대신해서 행사에 참가해서 필요한 활동을 하고 그 행사에서 입력한 모든 정보를 가지고 와서 나와 협의할 수 있게 되면 몸이 하나라서 바쁠 일이 없게 될 것입니다. 몸이 하나이면서 둘인 세상이 되는 것입니다.

생각만으로 움직이는 로봇

미래에는 로봇이나 기계를 생각만으로도 조종할 수 있게 될 것입니다.

최근 상영된 〈아바타(Avatar, 분신)〉라는 영화를 보았나요?

__그럼요. 3D 그래픽이 끝내 주죠.

많은 사람들이 3D 그래픽에 매료되었죠. 하지만 내가 하고 싶은 이야기는 3D 그래픽이 아니고 아바타를 원격 조종하는 이야기입니다. 주인공 제이크는 생각으로 복제 나비족을 원

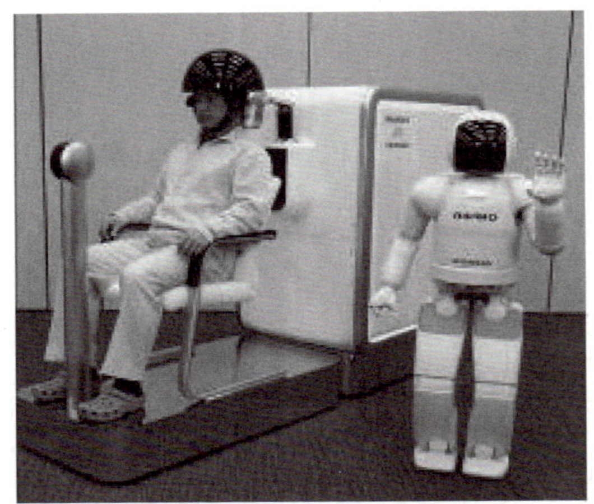

뇌파로 조종하는 로봇

격 조종하고 있습니다. 미래에는 이런 일이 가능해질까요?

＿가능할 것 같아요.

한편으론 가능하고, 다른 한편으론 거의 불가능할 것으로 보입니다.

영화에서는 제이크의 뇌 신호를 전기 신호로 바꾼 다음 나비족 아바타의 뇌에 전달하는 방법을 사용하고 있습니다. 이것은 '외부에서 전기 신호를 보내서 뇌의 정보를 변조하는 원리'를 이용하는 것입니다.

이것은 원리적으로 가능합니다. 실제로 파킨슨병 환자의 손떨림을 치료하는 데 이용하고 있으니까요. 파킨슨병은 손발이 떨리거나 경직되고 동작이 느려지는 증세가 나타나는 희귀병이죠. 그런데 손떨림이 뇌의 시상하부에서 나오는 특정 주파수의 전기 신호 때문이라는 사실이 밝혀졌습니다.

하지만 뇌 신호로 다른 생명체를 자기 생각대로 조종하는 일은 이와는 다릅니다. 뇌 신호로 컴퓨터나 로봇을 움직이는 전기 신호를 바꾸기는 쉽지만, 다른 생명체의 생각을 지배하여 자신이 원하는 대로 조종하기는 쉽지 않기 때문입니다.

뇌 신호로 기계를 원격 조종하는 일은 어렵지 않습니다. 이 기술은 이미 실현되고 있습니다. 미국의 한 대학에서는 원숭이가 생각만으로 로봇 팔을 조종하여 먹이를 집는 실험에 성공하였고, 미국 과학 위원회에서는 인간의 뇌 정보를 로봇에 옮기면 인간이 갈 수 없는 먼 거리 우주 여행을 간접적으로 할 수 있을 것으로 예측하고 있습니다.

미래에는 사람이 생각하는 것을 읽어 내는 장치, 이른바 브레인 스캐너도 등장할 것으로 보입니다. 이것은 뇌의 반응을 분석해서 생각하는 것을 알아 내는 것입니다. 이미 뇌 활동의 패턴을 분석해서 어떤 그림을 보고 있는지, 가상 환경에서 어떤 위치에 있는지, 주어진 선택지에서 어떤 선택을 할 것인지 등을 알아낼 수 있다고 합니다.

브레인 스캐너가 다른 사람의 생각을 몰래 읽는 데 사용된

다면 엄청난 사회적 파장을 일으킬 수도 있습니다. 하지만 올바로 사용되면 좋은 점이 무척 많습니다.

예를 들어 뇌경색이나 퇴행성 신경 질환 등으로 말을 하거나 글을 쓰지 못하는 사람들의 의사 표현을 도와줄 수 있습니다.

또 머릿속에 떠오르는 그림이나 생각을 동영상이나 그림으로 표현함으로써 창의적 활동을 개발시킬 수도 있습니다. 건망증이 있는 사람이 자신의 기억을 저장해 두는 장치로 활용할 수도 있습니다.

브레인 스캐너는 몸을 움직일 수 없는 사지 마비 환자나 장애인을 위한 뇌파 조종 기기에도 이용될 수 있습니다. 현재 뇌파로 휠체어를 움직이거나 뇌파로 공을 띄워 올리는 완구가 출시되고 있습니다. 이외에도 뇌파로 조종하는 컴퓨터와 전자 기기, 자동차 운전에 대한 실험이 진행되고 있으며, 뇌파로 조종하는 로봇 연구도 함께 이루어지고 있습니다.

홈오토메이션에도 이용될 수 있습니다. 예를 들어, 이용자가 움직이기도 싫을 정도로 매우 피곤한 상태라면 브레인 스캐너가 이를 감지하여 조명을 은은하게 바꿔 주고 목욕물을 따뜻하게 데워 놓으며 잔잔한 음악을 들려줄 수 있습니다. 뇌파가 불안정하다면 헬스 케어 서비스에 연결하여 주치의 상담을 요청할 수도 있을 것입니다.

초소형 로봇

미래에는 초소형 로봇도 등장할 것으로 전망됩니다. 이 로봇은 빈대만큼 작거나 눈에 보이지 않을 정도로 작을 수도 있습니다.

＿그렇게 작은 로봇이 무슨 소용이 있죠?

초소형 로봇은 여러 가지로 쓸모가 있습니다. 예를 들어 비행기 엔진처럼 정교한 기관에 들어가 미세한 고장을 수리하

거나, 인체에 들어가 노폐물을 제거하고 병원균을 물리치는
데 사용될 수 있습니다.

혹시 〈마이크로 결사대(Fantastic Voyage, 환상의 여행)〉라
는 영화를 본 적이 있나요?

__아니요.

그럴 겁니다. 너무 오래된 영화니까요. 미생물 크기로 축소
된 사람들이 주사 바늘을 통해 혈관으로 들어가 위험에 빠진
환자를 치료하는 게 이 영화의 줄거리입니다.

사람을 미생물 크기로 축소시키는 것이 가능할까요? 이것
은 먼 미래에도 불가능할지 모릅니다. 하지만 로봇을 미생물

크기로 만드는 것은 가능할 것입니다. 그래서 오늘날 과학 기술자들은 초소형 로봇을 만들려고 노력하고 있습니다.

눈에 보이지 않는 초소형 로봇을 만들려면 현미경으로도 보이지 않을 만큼 미세한 부품을 제작할 수 있는 미세 가공 기술이 있어야 합니다. 세계 여러 연구소에서 로봇에게 동력을 공급할 미세 전동기를 연구하고 있습니다. 이 전동기는 먼지 보다 가볍고, 거미줄보다 가는 축과 톱니바퀴로 돌아가야 할 것입니다. 최근 미국의 벨 연구소에서는 직경 0.1밀리미터의 초소형 원동기를 만드는 데 성공한 바 있습니다.

초소형 로봇에 대한 기대가 가장 큰 곳은 의료 분야입니다. 극소형 카메라를 장착한 마이크로 로봇을 몸 안에 집어넣을 수 있다면, 모든 장기 내부를 움직이는 상태에서 관찰하면서 이상 여부를 판단할 수 있기 때문입니다. 그다음에 적절한 치료 기구나 약품을 가진 마이크로 로봇들이 대량 몸속으로 들어가 분자나 원자 차원의 미세하고 정교한 수술을 할 수 있을 것입니다. 그렇게 되면 지금까지 인체의 신비로 남아 있는 뇌를 비롯한 여러 부분의 비밀도 밝혀낼 수 있을 것입니다.

의료 분야 다음으로 기대가 큰 곳은 제조업입니다. 점차 소형화되고 정밀화되는 많은 기기의 제작과 수리에서 마이크로 로봇의 활약이 기대되고 있습니다. 만족할 만한 수준으로 발

전하려면 시간이 걸릴 것으로 보이지만, 신소재 기술과 컴퓨터 기술의 향상으로 그 기간이 단축될 수도 있을 것입니다.

미래에는 수십 나노미터 크기의 나노봇(nanobot)이 개발될 수도 있습니다. 나노봇은 적혈구의 1/100 정도 크기로 혈관을 타고 돌아다니며 혈관 속의 노폐물을 제거하거나 암세포를 찾아서 파괴할 수 있습니다. 또, 손상된 기관이나 세포를 수리하고 치료 약을 투여할 수도 있습니다. 나노봇은 치료할 수 없는 질환이 거의 없어 보입니다. 어쩌면 노화와 죽음까지도 막을 수 있을지도 모릅니다.

나노봇 개발의 필요성이 제기된 것은 암과 같은 인체의 심각한 질병이 주로 나노 수준에서 발생하기 때문이었습니다. 이런 질병을 일으키는 바이러스의 크기가 나노 크기이므로 이들을 물리치기 위해서는 나노봇이 효과적일 수 있다는 것이지요. 물론 나노봇이 개발되면 활용 범위는 의학 분야에 국한되지 않을 겁니다. 모든 물질이 나노 크기의 분자로 이루어지므로 다양한 분야에 활용될 수 있을 것입니다.

그렇지만 나노봇을 개발하기 위해서는 극복해야 할 문제가 한두 가지가 아닙니다.

첫 번째 문제는 나노봇을 어떻게 원하는 목적지까지 인도하느냐 하는 것입니다. 나노봇은 공기 중에 장기간 떠다니는 극미세 먼지보다 작은데, 극미세 먼지는 제멋대로 돌아다닐 뿐 아니라 정전기에 쉽게 이끌려 달라붙어 버립니다. 따라서 원하는 방향으로 움직이는 게 쉽지 않습니다.

두 번째 문제는 온도의 영향을 어떻게 극복하느냐 하는 것입니다. 물속에 떠다니는 꽃가루를 현미경으로 보면 불규칙하게 움직입니다(브라운 운동). 물 분자들이 꽃가루와 충돌하기 때문인데요, 이는 물 분자들이 눈에 보이지 않는 열운동을 하고 있기 때문에 생기는 현상입니다. 나노 크기의 물체는 이런 열운동을 합니다. 이 때문에 매우 작은 기계 장치를 결합시켜 나노봇을 만들기도 어렵고, 만든다 해도 열운동으로 인해 쉽게 분해될 수도 있습니다.

세 번째 문제는 어떻게 추진 동력을 얻느냐 하는 것입니다. 나노봇이 움직이려면 에너지가 필요합니다. 더구나 혈관 속의 급물살을 헤치고 항해하려면 어마어마한 힘이 필요할 것입니다. 어떻게 나노봇을 추진시킬 수 있을지 확실하지 않습니다.

네 번째는 인체의 면역 체계와 충돌하는 문제입니다. 인체에는 면역 체계가 갖추어져 있어서 나노봇이 우군으로 인식되지 않으면 공격하게 됩니다. 나노봇이 이런 공격을 견뎌낸다 해도 문제가 됩니다. 면역 체계가 인체에 비상을 내리

게 될 것이기 때문입니다. 이로 인해 환자는 더욱 고통을 느끼게 될지도 모릅니다.

이런 어려운 문제들이 모두 해결된다고 해도 또 다른 문제가 있습니다. 나노봇이 효과적으로 기능하려면 생물체의 세포처럼 자기 증식 기능을 가져야 할 것으로 예측되는데, 이 경우 만약 나노봇이 통제 불능 상태에 빠지면 제멋대로 증식하는 문제가 생길 수 있습니다. 예를 들어 암세포를 제거하기 위해 인체에 투입된 나노봇이 제멋대로 증식하거나, 유독한 쓰레기를 제거하기 위해 뿌려 놓은 나노봇이 자기 복제를 멈추지 않아서 인체나 지구가 나노봇으로 뒤덮이는 재앙을 맞게 될 수도 있습니다.

이런 우려에 대해 나노봇 지지자들은 나노봇 속에 임무를 종료하거나 활동 시간이 지난 후 증식이 정지되거나 스스로 파괴되는 프로그램을 장착하면 된다고 주장합니다. 하지만 비관적인 학자들은 자기 증식 나노봇은 아예 실현 불가능한 공상이라고 주장합니다. 하지만 이런 기술이 아주 먼 미래에도 실현 불가능하다고 말하는 것도 부적절해 보입니다. 그동안 과학은 인류가 불가능하다고 믿어 온 일들을 하나하나 해결해 왔기 때문입니다.

음, 역시 공상 과학 소설은 로봇을 소재로 하는 게 좋겠어요.
좋은 생각이네요. 로봇은 이미 많은 공상 과학 소설과 영화의 소재로 등장했으니까요. 게다가 미래를 바꿀 중요한 과학 기술 중 하나이기도 하고요.

하지만 실제 로봇은 영화에서 보는 것과는 달라요. 공장에서 일하는 산업용 로봇은 용접이나 도장 등 비교적 간단한 작업에 많이 사용되고, 점점 조립·가공 같은 어려운 일에도 응용되고 있는 정도죠.
나도 로봇이라고요!

산업용 로봇은 사람과 너무 다른데요.
맞아요. 하지만 미래의 로봇은 점점 더 사람을 닮아 갈 거예요. 앞으로 사람이 하는 일을 더 많이 하게 될 것이니까요.
로봇 때문에 우리가 할 일이 없겠어.
걱정 마. 사람이 할 일은 따로 있으니까.

그리고 미래에 로봇 과학 기술이 더욱 발달되면, 사람의 생각과 기억, 버릇을 복제한 로봇이 사람을 도와 일을 하게 될 것입니다. 그러면 사람들도 좀 더 여유 있는 생활을 할 수 있을 겁니다.
와~, 생각만 해도 굉장해요. 그 외에 또 어떤 로봇이 나올까요?
아 1호는 내일까지 일 끝내고, 2호는 집안 정리 좀 해.
칫, 자기는 맨날 놀러만 다니고…….

사람의 뇌 신호로 원격 조종하는 로봇도 나오게 될 거예요. 이 기술은 이미 실현되고 있어요. 아마 실용화된다면 위험한 구조 활동이나 우주 여행에도 사용될 거예요.
생각만으로 움직이는 로봇처럼요?
지금 태양계를 지나고 있어.

그리고 아주 작은 로봇들도 나오게 될 거예요. 그래서 비행기 엔진처럼 정교한 기관의 수리를 할 수도 있고, 아주 작은 로봇은 몸속의 상태를 관찰하고 치료하는 데 유용하게 사용될 겁니다.
미래엔 정말 다양한 로봇들이 나오겠네요.
수리용 마이크로 로봇
혈관 속의 나노 로봇

5

무병장수를 꿈꾸는
생명 과학 기술

생명체의 설계도인 DNA를 새롭게 조합하는 기술로 인류는 건강하게 오래 사는
삶을 꿈꿀 수 있게 되었습니다. 그 발전상을 살펴봅시다.

5

무병장수를 꿈꾸는 생명 과학 기술

쥘 베른이 유전자 재조합에 대한 수업을 다시 시작했다.

이번 시간에는 우리의 미래를 바꾸어 놓을 네 번째 과학 기술로서 생명 과학 기술에 대해서 알아보도록 하겠습니다.

건강하게 오래 살고 싶은 것은 인간의 꿈입니다. 생명 과학 기술은 그 꿈이 실현되도록 도와줄 것입니다. 생명 과학 기술의 발전으로 사람이 태어나서 늙고, 병들고, 죽는 데 관한 비밀이 하나씩 풀려 가고 있습니다. 미래에는 암의 원인이 규명되고 그 치료법도 발견될 것입니다. 나아가 노화에 대한 연구도 진전되어 오랫동안 젊음을 유지하며 사는 꿈이 실현될 수도 있습니다.

생명체의 설계도 DNA

건물을 짓거나 로봇을 만들려면 설계도가 있어야 합니다. 이것은 생명체도 마찬가지입니다. 생명체의 설계도는 어디에 있을까요?

＿세포 속 아닌가요?

그렇습니다. 생명체는 세포로 이루어지는데, 모든 생명체는 세포 안에 자신의 설계도를 가지고 있습니다. 사람의 몸은 수십조 개의 세포로 이루어지지만, 처음에는 단 하나의 세포에 불과했습니다. 어머니의 자궁 속에서 수정된 한 개의 난세포가 분열을 거듭하여 그렇게 많은 수로 늘어난 것입니다.

세포 안에는 핵이 있고, 이 핵 속에 염색체가 들어 있습니다. 염색체의 개수는 생물마다 다른데, 인간의 경우 46개가 2개씩 쌍을 이루고 있습니다. 바로 이 염색체에 생물의 몸을 구성하고 그 기능을 유지할 수 있는 정보를 가진 물질이 들어 있습니다. 이 물질을 유전 물질이라고 하는데, 지구상의 모든 생명체는 핵산의 한 종류인 DNA(디옥시리보 핵산)를 유전 물질로 이용하고 있습니다.

DNA는 매우 가늘고 긴 사슬 구조의 분자로서, 생물체를 이루는 데 필요한 정보를 담고 있습니다. 지구상의 모든 생명체의 고유한 특성은 바로 이 DNA에 의해 결정됩니다. DNA는 4종류의 염기들이 2개씩 쌍으로 배열하여 이중 나선 모양을 이루고 있습니다. 그리고 DNA 중에서 어떤 기능을 하는, 다시 말해서 단백질이 만들어지는 DNA의 한 구간을 유전자라고 합니다. DNA는 나선을 풀고 복제하는 방법으로 생명 활동에 필요한 수많은 단백질을 만들기도 하고 후손에게 전해 주어 생명을 이어 가게 하기도 합니다.

생명 과학자들은 생명의 신비를 풀기 위하여 생명체의 설계도인 유전자를 분석하고 염기 서열을 해석하는 연구를 해 왔습니다. 그리고 마침내 지난 2001년에 인간 게놈의 염기

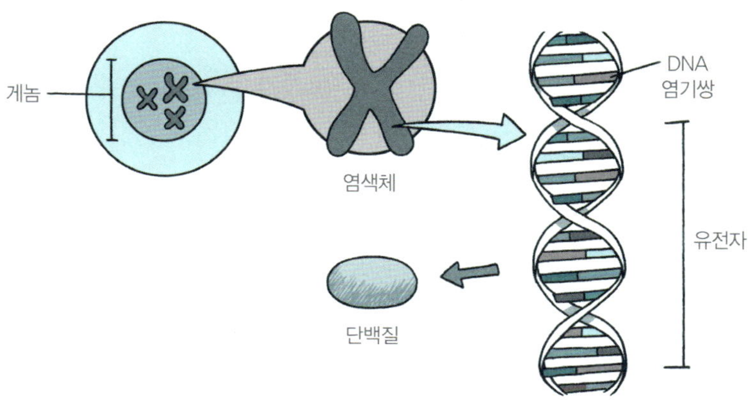

게놈과 염색체, DNA, 유전자

서열을 알아내기에 이르렀습니다.

게놈(genome)은 유전자(gene)와 염색체(chromosome)의 합성어로 한 생물이 가지는 모든 유전 정보를 말합니다. 인간의 유전자 수는 약 2만 5000개 미만이라는 사실도 밝혀졌습니다. 우리 몸속에는 약 10만 개의 단백질이 있으므로, 각 유전자는 독립적으로 활동하는 것이 아니라 상호 협력하여 단백질을 만들고 있는 것입니다.

유전자 재조합

만약 생명체 안의 유전자를 변형할 수 있으면 유전병을 고치거나 새로운 종을 만들어 낼 수 있게 됩니다. 인위적으로 유전자의 순서를 바꾸거나 일부 유전자를 넣거나 빼는 것을 유전자 재조합 또는 유전자 조작이라고 합니다. 생명 공학자들은 미생물의 유전자를 연구하여 유전자 재조합 기술을 개발했습니다.

유전자 재조합을 이용하면 생물이 지닌 단점을 없애거나 사람에게 도움을 주는 생물로 탈바꿈시킬 수 있습니다. 유전자 재조합 기술을 이용해서 만든 생물을 유전자 재조합 생물

또는 유전자 변형 생물(GMO, Genetically Modified Organism)이라고 합니다.

유전자 재조합 식물은 이미 많이 만들어졌는데, 대다수가 농산물입니다. 이 농산물들은 생산성을 높이기 위해 곡물의 유전자를 조작한 것으로, 전염병이나 해충에 강하고 제초제에 내성이 있거나 성분을 개량한 것들입니다. 이미 제초제에 강한 콩, 스스로 살충제를 만드는 옥수수, 가뭄에 잘 견디는 해바라기 등이 개발되었습니다. 유전자 재조합 작물로 만든 식품도 유통되고 있습니다. 미래에는 이런 식품이 식품 전체를 차지할지도 모릅니다.

유전자 재조합 동물들은 의약품을 대량으로 생산하거나 거부 반응이 없는 이식용 장기를 생산하기 위해 연구되고 있습니다. 미래에는 동물 공장이 세워져서 의약품이나 이식용 장기를 효율적으로 생산하게 될 것입니다.

최근에는 유전자 재조합을 이용한 기능성 식품도 생산되고 있습니다. 기능성 식품이란 건강에 유익한 효과를 가져오는 기능이 있는 식품을 말합니다. 질병을 예방하거나 회복을 도와주고, 신체의 리듬을 조절하거나 노화를 억제하는 기능이 있는 식품이 그것입니다. 예를 들어, 대장암 항체 유전자를 벼에 넣어서 대장암 항체 단백질이 들어 있는 쌀을 생산하는

것입니다. 이렇게 되면 밥이 곧 약이 되겠죠? 옛말에 '밥이 보약'이라는 말이 있는데, 미래에는 약 대신 식품을 먹게 될 수도 있겠습니다.

여러분 중에 혹시 주사 맞는 것을 좋아하는 사람이 있나요?

__아니요.

역시 없군요. 기쁜 소식이 있습니다. 미래에는 주사를 맞지 않아도 됩니다. 주사 대신 치료용 항체를 넣은 식품을 먹으면 되죠. 이런 식품을 식품 백신이라고 합니다. 백신은 각종 감염성 질병을 예방하기 위해 쓰이는 약을 말합니다. 이미 식품 백신이 만들어졌는데, 아직은 투여량을 조절할 수 없어서 시판되고 있지는 않습니다.

유전자 재조합 생물은 유익한 점이 무척 많죠?

__예!

유전자 재조합 기술을 이용하면 농작물을 오래 보관하거나 대량 생산할 수 있어서 인류의 오랜 고민거리인 식량 부족 문제를 해결할 수도 있습니다. 하지만 유전자 재조합 식품에 보이지 않는 위험이 담겨 있다고 주장하는 사람들도 있답니다.

__ 어떤 위험인가요?

유전자 재조합 작물이 생태계 질서를 파괴할 수 있다는 것이죠. 예를 들어, 해충을 견디는 식물을 만들었는데 다시 그

식물을 이기는 돌연변이 해충이 나올 수도 있습니다. 이렇게 되면 생태계의 먹이사슬이 깨어질 수도 있습니다.

이 때문에 환경 단체는 유전자 재조합 작물의 위험성이 아직 완전히 규명되지 않았으며 무분별하게 퍼지면 자연 작물을 오염시킬 수 있다고 경고합니다. 예를 들어 유전자 재조합 식물이 바람이나 곤충에 의해 경작지를 벗어나 다른 식물과 교배하거나 유기농 경작지로 들어가면 어떤 영향을 미칠지 모른다는 것입니다.

유전자 재조합 작물이 안전한가를 둘러싸고 아직도 논쟁이 계속되고 있습니다. 생태계에 미치는 영향은 바로 예측할 수 없기 때문에, 당장은 이상이 없어도 언젠가는 예상하지 못한 문제를 일으킬 수도 있기 때문이죠. 이처럼 유전자 재조합 기술은 양날의 칼과 같아서 약이 될 수도 있고 독이 될 수도 있기 때문에 엄격하고 신중하게 진행되어야 합니다.

합성 생물학이 여는 미래

미래의 생명 과학 기술은 생물의 DNA를 조작하여 새로운 생물들을 만들어 내게 될 것입니다. 이것은 생산성을 높이기

위해 유전자를 바꾸는 정도가 아니라 새로운 생명체를 만들어 내는 것입니다. 이렇게 만들어진 생명체를 합성 생명체라고 하고, 이런 연구를 하는 생물학 분야를 합성 생물학이라고 합니다.

합성 생물학 연구가 가능하게 된 것은 제한 효소가 발견되었기 때문입니다. 제한 효소란 DNA를 삼켜 버리는 작용을 하는 효소입니다. 세포에 다른 염색체와 함께 제한 효소를 넣어 주면, 세포가 기존의 염색체를 이물질로 여겨서 삼켜 버림으로써 다른 염색체로 치환됩니다. 이것을 이용하면 새로운 유전자 배열을 가진 세포를 만들 수 있습니다. 이 기술은 새로운 생물을 만드는 생명 합성 기술로 이용될 수 있습니다.

생명 합성 기술을 응용할 수 있는 분야는 무궁무진합니다. 예를 들어, 식량 생산과 새로운 에너지원 개발, 의약품 생산 등에 이용할 수 있습니다. 태양광과 이산화탄소를 이용하여 고부가 가치의 부탄올을 생산할 수도 있습니다.

유전자 치환이나 세포 융합을 이용해 대량 배양한 효소를 사용하여, 자연에는 극히 미량밖에 존재하지 않는 물질을 대량으로 생산할 수도 있습니다. 이미 당뇨병의 특효약인 인슐린과 항암 치료제 인터페론 등이 생산되고 있습니다.

생명 합성 기술을 이용하면 특별한 용도의 미생물을 만들어 활용할 수도 있게 됩니다. 이러한 미생물을 맞춤형 미생물이라 하는데, 미생물의 DNA를 조작하여 인간이 원하는 활동이나 결과를 내도록 만든 것입니다.

맞춤형 미생물을 이용하면 특정 화합물을 얻기 위해 대형 설비를 갖춘 화학 공장을 가동할 필요가 없습니다. 단지 적절한 크기의 반응 용기에 여러 가지 화학 물질과 미생물을 넣고 기르면 됩니다.

맞춤형 미생물을 만드는 방법은 비교적 간단합니다. 현재 DNA의 어느 부분을 어떻게 조작하면 어떤 생체 반응이 유도되는지 어느 정도 알려져 있습니다. 이렇게 알려진 부분을

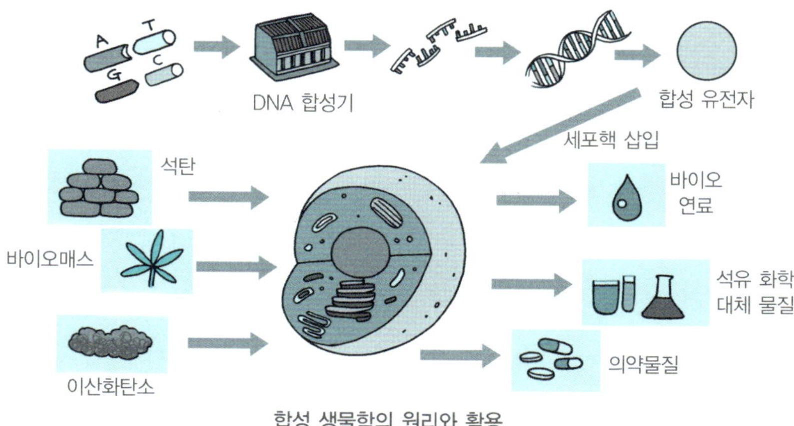

합성 생물학의 원리와 활용

바이오 벽돌이라고 하는데, 현재 수천 개 이상의 바이오 벽돌이 알려져 있고 데이터베이스로 관리되고 있습니다. 이 바이오 벽돌을 조립하여 원하는 기능이 구현되면 박테리아에 이식하여 배양하면 되는 것입니다.

미래에는 맞춤형 미생물을 이용한 산업이 발전할 것으로 보입니다. 이미 이산화탄소를 알데히드로 바꾸는 박테리아와 중금속을 수거하는 박테리아 등이 개발되었습니다. 예를 들어 중금속 수거 박테리아를 중금속 오염 지역에 뿌려 두면 포자 형태로 배출되는 중금속을 회수할 수 있어, 토양을 정화시킬 수 있고 또 수거된 중금속을 재활용할 수 있으니 일석이조라고 할 수 있습니다. 미래에는 대부분의 화학 제품이 생명 합성 제품으로 대체될 가능성이 있습니다.

맞춤형 미생물은 의학적으로 이용 가치가 높습니다. 이미 암세포를 추적하여 파괴하는 맞춤형 박테리아가 개발되고 있습니다. 이 박테리아는 DNA 조작을 통해 암세포의 특정 형태나 대사 물질에 반응하여 독성 물질을 주입하거나, 해당 세포를 먹거나 또는 파괴하는 등의 반응을 나타내도록 설계됩니다. 아직 인체 면역 반응을 회피하기 위한 수준이 낮고 암세포 파괴 이후의 자체 소멸 문제 등이 해결되지 않아 실용화되지는 않고 있습니다.

맞춤형 미생물을 이용하면 세포 수준에서 깨끗한 치료를 할 수 있습니다. 예를 들어 암과 같이 세포의 잔존 여부가 완치에 큰 영향을 미치는 질병의 경우, 병이 생긴 부위를 넓게 잘라 내지 않고 맞춤형 박테리아를 주사 놓으면 세포 수준에서 완벽하게 치료할 수 있습니다.

맞춤형 박테리아는 초소형 로봇에 비해 장점이 매우 많습니다. 첫째는, 로봇과 달리 전지 등의 별도 에너지 공급 없이 인체 내의 포도당을 직접 에너지원으로 활용할 수 있다는 것입니다. 두 번째는, 로봇의 경우 매우 정교하고 효율적인 구동 장치가 필요하나 박테리아는 편모를 이용하여 자유롭게 이동할 수 있다는 것입니다. 세 번째는, 로봇은 치료용 약물을 내재하고 있어야 하며 그 약물이 소진되면 무용지물이 되지만 박테리아는 약물 자체를 대사 과정을 통해 합성해 낼 수 있다는 것입니다.

따라서 초소형 로봇보다는 맞춤형 박테리아가 더 실현 가능성이 높습니다. 문제는, 인간이 자연계에 존재하지 않던 생명체를 인위적으로 만들어 냄으로써 생태계를 교란시킬 수 있다는 것입니다.

맞춤형 미생물뿐만 아니라 합성 생물학의 연구는 인간이 신의 영역을 넘보는 것으로 간주되어 종교적 반발을 불러오

기도 하고, 생명체의 기형화로 이어질지도 모른다는 우려를 낳기도 합니다. 다른 한편에서는 생명체를 마치 기계처럼 이용한다는 문제가 있습니다. 하지만 기술적 · 산업적 측면에서 보면 지금까지의 기계 설비나 반도체 기반 산업을 그 뿌리부터 바꾸어 놓을 수 있는 혁신적인 개념임에 틀림없습니다.

사라진 생물의 복원이 가능해진다

미래에는 생물학적인 복제가 가능하여 수많은 복제 생물이 생산되는 시대가 올 것이라고 예측되기도 합니다. 이미 양이나 개 등 많은 동물들이 복제된 바 있으니까요. 이와 같은 동물 복제 기술을 인간에 적용하면 인간 복제 기술로 활용될 수 있을 것으로 자연스럽게 전망됩니다.

하지만 인간의 몸을 동물과 같이 취급할 수 없는 윤리적 · 도덕적 문제가 있습니다. 더구나 복제된 동물에서 이미 확인된 바와 같이 복제 동물은 질병에 매우 취약합니다. 따라서 인간 복제를 위해서는 수많은 생체 실험을 거쳐야 할 것인데 이런 실험이 사회적으로 용납되지 않을 것입니다. 따라서 인간 복제 기술은 진전되기도 어렵고 용인되지도 않을 것입니다.

하지만 생물 복제 기술은 멸종 위기의 동물이나 멸종된 동물을 되살리는 생물 복원에 이용될 수 있을 것으로 보입니다. 예를 들어 러시아에서는 선사 시대에 멸종된 매머드를 복원하는 연구가 진행되고 있습니다. 빙산에 묻혀 있는 매머드의 사체에서 세포 형태로 남아 있는 DNA를 추출해 복제를 시도하려는 것이죠. 이 기술이 발전하면 미래에는 지구 상에서 사라진 공룡을 비롯한 수많은 동물을 복원하여 그들의 생태를 연구하고 교육에 활용하는 일도 가능해질 것입니다.

여러분 가운데 병원에 가기 좋아하는 사람이 있나요?

— …….

물론 없겠죠. 아파서 가는 것이 아니라 질병이 있는지 진단하러 간다고 해도 좋아할 사람이 없을 것입니다. 각종 검사를 힘들게 해야 한다면 더더욱 그렇겠죠.

오늘날 가장 치료하기 어려운 병은 무엇일까요?

__루게릭병이오.

__암이오.

난치병은 꽤 많습니다. 루게릭병은 아주 드문 병이지만 스티븐 호킹 박사가 앓고 있어서 유명해졌죠. 암은 치료하기 어려운 병이라기보다는 치료 시기를 놓쳐서 고통을 받는 병일 것입니다. 암은 초기에 발견하면 수술로 완치가 가능하지만 증상이 거의 없기 때문에 조기 발견이 어렵습니다. 증상을 느낄 무렵에는 이미 암이 다른 장기로 전이되어 치료하기 어려운 경우가 많죠.

모든 병은 조기에 발견하여 치료하는 것이 중요합니다. 이를 위해서는 정기적으로 검진받는 것이 최선이지만, 발견되지 않는 경우도 있고 검진 절차가 복잡하기 때문에 사람들이 꺼립니다.

만약 각종 질병을 초기에 쉽게 진단할 수 있다면 어떻게 될까요? 치료하기 어려운 병은 줄어들 것이고 사람들은 보다 건강하게 오래 살 수 있겠죠?

미래에는 진단 기술이 발전하여 각종 질환을 초기에, 그리고 쉽고 빠르게 진단할 수 있게 될 것입니다. 이를 위해서는 질병의 특이적인 표지자를 발굴하고 극미량의 표지자 단백질 또는 DNA 등을 검출할 수 있는 진단 기술을 개발해야 합니다. 질병에 따라 나타나는 표지자의 특이성이 떨어지고 개인 간 편차가 심하면 진단이 어려워집니다. 조기 진단을 위해서는 극미량의 표지자도 검출할 수 있어야 합니다.

미래의 의료 서비스는 개인별 맞춤형 서비스가 될 것입니다. 현재의 의료 기술로는 개인별 차이를 인식하여 치료에 반영하기 어렵지만, 진단 기술이 발전하고 개인별 편차에 대한 생물학적 정보가 충분히 축적되면 개인별 맞춤형 치료 시대가 열릴 것입니다.

개인별 편차에 대한 생물학적 정보를 획득하는 방법으로 게놈 분석이 있습니다. 게놈은 개인별 특성에 대한 많은 정보를 갖고 있습니다. 문제는 검사 비용이 비싸다는 건데, 정

보 기술과 나노 기술이 발달하면 일반 건강 검진 비용과 비슷한 수준이 될 것입니다. 이용자가 늘어나면 분석 데이터가 늘어나고 정확도도 높아져서 더 많은 사람들이 이용하게 될 것입니다.

게놈 분석은 맞춤형 서비스에 활용될 수 있습니다. 유전자 지도를 통해 어떤 질병이 발생할지 알게 되어 예방하고 관리할 수 있습니다. 개개인의 유전자 지도에 기반하여 부작용이 적으면서도 효과가 우수한 약을 개발할 수도 있습니다.

게놈 분석은 다양한 용도로 활용될 수 있습니다. 이를테면 개인의 성격을 규명하는 데에 활용될 수 있습니다. 또, 자신에게 가장 적합한 직업이 무엇인지, 가장 효과적인 학습 방법이 무엇인지 등에 대해 알 수 있습니다.

게놈 분석은 동식물에도 적용될 수 있습니다. 예를 들어 병충해에 강한 식물, 우유를 많이 생산하는 젖소 등 좀 더 사람에게 유용한 품종 개발과 종자 개량에 활용될 수 있습니다. 나아가 바이러스 연구에 활용될 경우 병의 발병 원인을 규명하여 치료 및 예방책을 마련하는 데 활용할 수 있습니다.

인간의 유전자를 해독하여 활용하는 것이 윤리적인 문제를 야기할 수 있습니다. 예를 들어 영화 〈가타카(Gattaca)〉에서는 게놈 정보를 이용해 인간을 구분하고 능력을 제한하는 이야기가 등장합니다. 이와 같은 기술의 오용을 막기 위해서는 제도적 장치가 마련되어야 하고 윤리 의식도 뒤따라야 할 것입니다.

미래에는 로봇을 이용하거나 로봇이 직접 몸의 이상을 진단하고 또 수술까지 하는 시대가 열릴 것입니다. 로봇을 이용하여 수술하면 사람의 손보다 가늘고 떨림이 적어서 수술 부위의 다른 신경 세포를 건드리지 않아 정밀한 수술을 할 수 있습니다. 의사뿐 아니라 간호사도 수술실에서 자취를 감추게 될 것입니다. 의사를 돕는 간호사 로봇도 개발되고 있으니까요.

로봇을 이용한 수술에서 가장 큰 어려움은 의사가 몸속 조직을 직접 만질 수 없다는 것입니다. 이 때문에 의사가 모니터에만 의존하지 않고 촉감 센서를 이용해 직접 수술 부위를 만지는 느낌을 갖게 하는 연구가 진행되고 있습니다.

로봇이 진료와 수술을 할 수 있게 되면 원격 진료와 원격 수술도 가능해져서 미래에는 원격 진료 시스템이 가동될 것입니다. 원격 진료 시스템으로 의사가 곁에 없어도 의사의 지시에 따라 로봇이 환자를 진료하거나 필요한 외과 수술을 할 수 있게 됩니다. 의사는 3차원 입체 영상을 보면서 조이스틱을 움직여 수술을 이끌게 됩니다.

원격 진료 시스템은 의사나 병원이 드문 산골이나 섬 지역의 주민을 위해서도 유용하게 쓰일 수 있습니다. 또, 전쟁터와 같이 위험한 곳에도 응급 수술실을 갖춘 무인 구급차가 달려가서 다친 곳을 찾고 진단을 내릴 수 있게 됩니다.

나노 의학

의학에서도 나노 기술이 필요합니다. 나노 의학은 나노 기술을 의학에 적용한 융합 과학입니다. 나노 의학은 세포와 분자 수준에서 질병의 치료 방법을 찾는 것입니다.

현재 치료하기 어려운 암과 같은 인체의 질병은 주로 바이러스가 일으킵니다. 바이러스는 나노미터 크기이므로 나노 과학 기술과 생명 과학 기술이 결합한 나노 의학이 그 해결책을 제시할 수 있을 것입니다.

예를 들어, 바이러스와 싸우는 나노 크기의 나노봇이나 맞춤형 미생물을 개발하여 나노 수준에서 질병을 치료하는 기술을 발전시킬 수 있을 것으로 기대됩니다.

약으로 병을 치료할 때 병이 난 곳에만 약이 전달된다면 효과적입니다. 하지만 암 치료에 사용되는 항암제는 암세포뿐 아니라 건강한 세포도 손상시킨다는 문제가 있습니다. 이러한 문제를 해결하기 위해 국소 약물 전달 기술이 개발되어 적용되고 있습니다.

여러분은 어떤 약이 개발되면 좋겠습니까?

＿늙지 않는 약이오.

이미 노화를 늦추는 노화 방지제가 나오고 있죠. 문제는 의학적 효용성이 거의 없다는 것이죠. 현재 노화를 늦추는 방법으로 호르몬 요법과 항산화제를 복용하는 방법이 사용되고 있습니다.

호르몬으로 노화를 늦추는 방법은 몸에 필요한 호르몬을 20세 수준에 맞게 보충하는 것입니다. 이 방법의 문제는 비용이 비싸다는 것과, 호르몬 치료를 멈추면 원래 나이의 몸으로 돌아간다는 것입니다. 따라서 평생 호르몬 치료를 해야 한다는 문제가 있습니다.

항산화제는 활성 산소를 중화시키는 약입니다. 활성 산소는 음식물을 소화하는 신진대사 과정에서 생기는 산소 화합물로 노화와 관계가 있는 것으로 알려져 있습니다. 항산화제는 약으로 쉽게 먹을 수 있지만 우리 몸속에도 활성 산소를 억제하는 항산화 효소가 만들어지고 있답니다. 항산화 효소는 과일이나 채소 등에 많이 들어 있습니다.

염색체 끝에 있는 텔로미어를 이용해 노화 방지제를 만들려 하기도 합니다. 텔로미어는 염색체 끝에 있는 유전자 조각으로 노화와 관련이 있다고 알려져 있습니다. 사람의 세포는 끊임없이 분열하면서 새로운 세포를 만드는데 분열 횟수가 제한되어 있습니다. 세포 분열이 거듭됨에 따라 짧아진 텔로미어를 보고 남은 수명을 예측할 수 있습니다.

현재 시판되는 노화 방지제는 텔로미어가 상하지 않고 분열과 재생을 계속하도록 돕는다고 알려져 있습니다. 하지만 텔로미어의 기능을 개선하지는 못하고 있습니다. 따라서 노화 방지제는 아직 의학적 효용성이 거의 없습니다. 아직은 노화가 오는 과정을 완전히 이해하지 못하고 있지만, 미래에는 노화의 원인이 규명되어 이러한 문제들이 해결될 것으로 기대됩니다.

치료가 불가능한 장기를 바꾼다

약물이나 수술로 모든 질병이나 상처를 치료할 수는 없습니다. 이런 방법으로도 몸의 장기가 회복되지 않을 경우 어떤 방법을 쓸 수 있을까요?

__장기를 바꿔요.

그렇습니다. 마지막 방법은 장기를 다른 장기로 교체하는 것입니다. 장기를 바꾸는 수술을 장기 이식 수술이라 합니다. 현재 신장이나 심장 이식 수술이 알려져 있지만, 간장, 췌장, 소장 등의 장기 이식도 이루어지고 있습니다.

장기 이식 수술은 몸 안의 장기를 들어내고 새로운 장기를 연결하는 수술입니다. 복잡하고 어려운 수술입니다만, 그보다 더 어려운 것은 이식할 장기를 구하는 일입니다. 신장은 몸 안에 두 개가 있어서 다른 사람으로부터 기증받을 수 있지만, 대부분의 장기는 기증된 시신에서 제공받게 됩니다. 문제는 기증자 수는 적고 필요로 하는 사람이 훨씬 많다는 것입니다. 이 때문에 기증자를 기다리다 사망하는 경우가 많습니다.

이러한 문제를 해결할 수 있는 방법은 무엇일까요?

__인공 장기를 써요.

인공 장기는 인공적으로 만든 기계식 장기입니다. 게다가 개발된 장기도 인공 신장과 인공심장 정도에 불과해요.

인공 장기는 인체 장기의 성능과 기능을 완전히 대신할 수 없을 뿐 아니라 수명이 짧고 무거워서 일상으로 복귀하기에 어려움이 있습니다. 가격도 매우 비싸고 생체 적합성도 낮아서 모든 환자에게 적용하기 어려운 단점이 있습니다.

가장 좋은 이식 장기는 자신의 장기를 복제한 것입니다. 복제 장기는 자신의 DNA를 가졌으므로 부작용도 없습니다. 자신의 골수에서 줄기세포를 떼어서 배양하여 만들 수 있습니다. 줄기세포는 신체의 어떤 조직으로도 분화할 수 있는 원시 세포입니다. 줄기세포는 골수 세포와 배아 세포에서 얻을 수 있습니다.

사람의 몸을 구성하는 세포는 혈액·뼈·연골·근육·피부 세포 등 기능과 모양이 다른 220여 가지가 있습니다. 줄기세포는 이런 모든 세포로 변화할 수 있는 어미 세포에 해당합니다. 식물의 씨가 자라서 줄기도 되고 잎도 되고 열매도 되듯이, 줄기세포 역시 사람의 몸을 구성하는 모든 종류의 세포로 자라날 수 있습니다.

따라서 줄기세포를 이용하면 이론상으로는 어떤 장기도 만들 수 있습니다. 모든 종류의 세포로 자랄 수 있으니까요. 예를 들어 줄기세포에서 심장으로 자랄 세포를 뽑아내 키우면 심장이 되고 신장으로 자랄 세포를 키우면 신장이 되는 것이지요.

줄기세포를 배양하여 심장, 간, 췌장 등을 만들 수 있을 것으로 기대되고 있으며, 현재 심장 근육 세포, 신경 세포, 췌도 세포 등을 만드는 연구가 진행되고 있습니다. 하지만 아직 줄기세포 관련 기술은 완벽하지 않습니다.

복제 장기와 인공 장기의 중간적 해결 방안으로 이종 장기도 개발되고 있습니다. 이종 장기란 무엇일까요?

＿혹시 다른 동물의 장기를 말하는가요?

그렇습니다. 인간의 장기가 아닌 다른 생물의 장기를 말합니다. 이종 장기는 기계식 인공 장기에 비해 생체 적합성이 뛰어나고, 복제 장기에 비해 실현 가능성이 더 높습니다. 하지만 이종 장기를 이식하는 경우 인체 장기나 인공 장기와 달리 반드시 해결해야 할 문제가 두 가지 있습니다. 그것은 인수 공통 감염과 면역 반응 회피입니다.

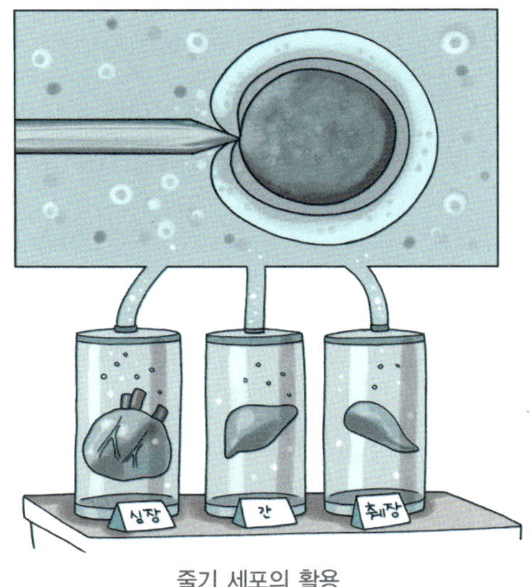

줄기 세포의 활용

인수 공통 감염이란 장기를 제공하는 동물의 질병이 인간에게 옮는 것을 말합니다. 인수 공통 감염 병이란 동물의 병이 인간에게 옮겨 온 것으로 동물과 인간이 공통으로 걸리는 병입니다. 현재 조류 독감(AI)을 비롯해 사스(SARS, 중증 급성 호흡기 증후군), 뎅기열 등 200여 종이 있습니다. 이 문제는 장기 제공 생물의 무균화를 통해 해결할 수 있습니다. 하지만 장기 이식 동물의 다른 전염병에 감염될 가능성을 배제할 수 없습니다.

보다 어려운 문제는 면역 반응 회피입니다. 면역 반응이란 인체 스스로의 방어 작용으로 몸에 침입한 다른 생명체, 즉 병균을 죽이는 것입니다. 이식된 장기를 침입자로 보고 제거하려 하면 이식된 장기가 환자의 몸과 하나가 되지 못하고 죽게 됩니다.

세계 최초의 영구 인공심장

현재 이식 장기 배양의 가장 유력한 후보는 돼지입니다. 기능적인 면과 크기, 성장 속도 등에서 돼지가 다른 동물에 비해 가장 유망합니다. 하지만 아직 면역 반응 회피가 이루어

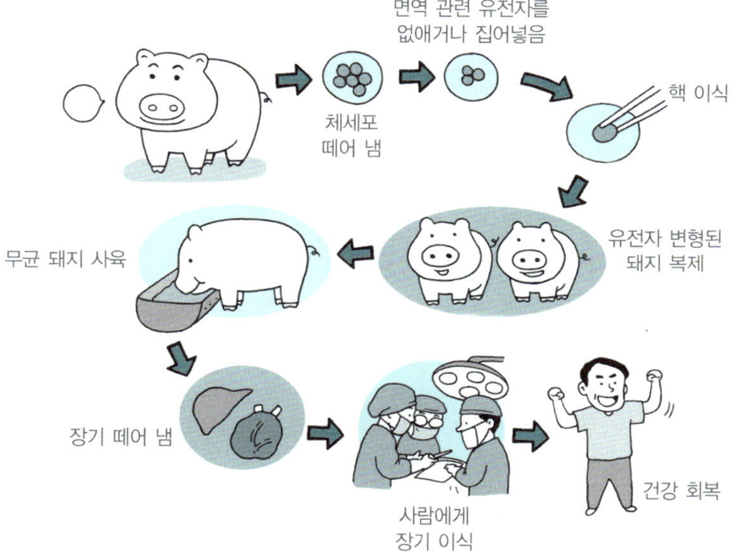

지지 않아 실용화되기까지 시간이 걸릴 것으로 보입니다.

　장기 이식이 보편화되면 불치병에 대한 치료도 바뀌게 될 것입니다. 현재는 약물 치료와 수술을 병행하고 있지만, 앞으로는 DNA 검사를 하고 최적의 이종 장기를 만들기 위한 돼지를 확보하여 이식 수술을 하는 것으로 바뀔 수도 있습니다. 이렇게 되면 고치는 것이 아니라 바꾸는 치료의 시대가 열리게 됩니다.

만화로 본문 읽기

선생님, 미래의 의학은 어떻게 바뀌게 될까요?
생명 과학 기술 말이군요. 그 분야도 많은 흥미로운 변화가 예상되고 있죠.

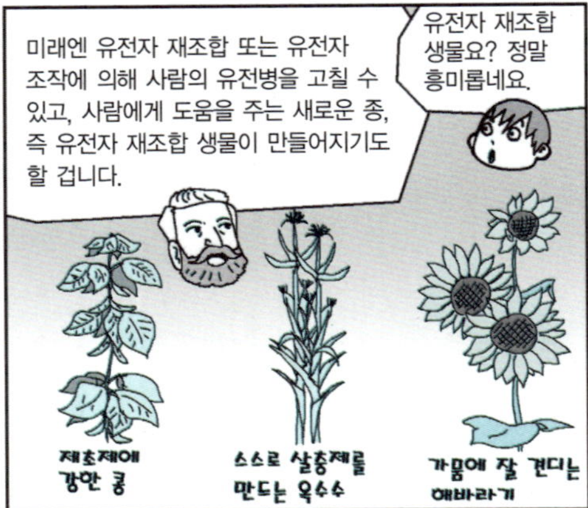
미래엔 유전자 재조합 또는 유전자 조작에 의해 사람의 유전병을 고칠 수 있고, 사람에게 도움을 주는 새로운 종, 즉 유전자 재조합 생물이 만들어지기도 할 겁니다.
유전자 재조합 생물요? 정말 흥미롭네요.
제초제에 강한 콩
스스로 살충제를 만드는 옥수수
가뭄에 잘 견디는 해바라기

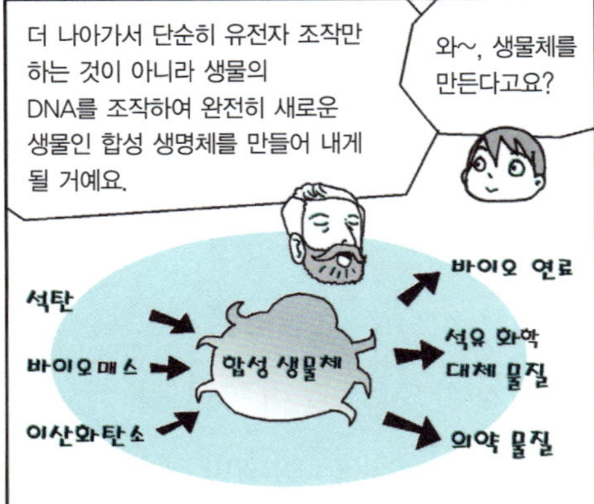
더 나아가서 단순히 유전자 조작만 하는 것이 아니라 생물의 DNA를 조작하여 완전히 새로운 생물인 합성 생명체를 만들어 내게 될 거예요.
와~, 생물체를 만든다고요?
석탄
바이오매스
이산화탄소
합성 생물체
바이오 연료
석유 화학 대체 물질
의약 물질

그럼 의료술은 어떻게 바뀔까요?
아마 맞춤형 치료 시대가 열릴 겁니다. 게놈 분석에 의한 개인별 특성 분석을 토대로 개개인에게 맞는 맞춤형 예방과 치료가 이루어지는 것이죠.
맞춤형 의료 시대
각자 맞는 옷이 있듯이, 각자에게 맞는 예방과 치료가 필요합니다.

그리고 나노 기술이 발달되면 의학과 융합된 나노 의학이 발달되어, 나노 크기의 나노봇이나 맞춤형 미생물을 이용한 세포와 분자 수준에서의 질병 치료 방법이 실행될 것입니다.
몸속에서 로봇이 직접 치료를 하는군요.
우리가 몸속에서 직접 치료해 줄게.

그뿐 아니라 치료가 불가능한 장기는 개개인의 장기를 복제한 복제 장기로 이식하는 방법이 실용화될 겁니다.
미래엔 정말 질병 걱정이 없겠어요.
음, 아무래도 이번엔 신장과 췌장까지 다 새걸로 바꿔야겠어.

6

찾아내고 지켜야 할 환경과 에너지 과학 기술

과학 기술이 발전하면서 인간은 점점 더 편리한 삶을 누리게 되었지만 그로 인해 환경은 심각하게 파괴되었습니다. 인류와 자연이 함께 공존할 수 있는 방법으로는 어떤 것이 있을까요?

찾아내고 지켜야 할
환경과 에너지 과학 기술

<table>
<tr><td rowspan="6">교.
과.
연.
계.</td><td>초등 과학 5-2</td><td>에너지</td></tr>
<tr><td>초등 과학 5-2</td><td>환경과 생물</td></tr>
<tr><td>초등 과학 6-2</td><td>쾌적한 환경</td></tr>
<tr><td>중등 과학 1</td><td>상태 변화와 에너지</td></tr>
<tr><td>중등 과학 3</td><td>물의 순환과 날씨 변화</td></tr>
<tr><td>고등 과학 1</td><td>환경</td></tr>
</table>

6

쥘 베른은 남극의 빙하가 녹아내리는 사진을 가리키며 여섯 번째 수업을 시작했다.

이번 시간에는 우리의 미래를 바꾸어 놓을 다섯 번째 과학 기술로서 환경과 에너지 과학 기술에 대해서 알아보도록 하겠습니다.

가까운 장래에 인류가 직면하게 될 큰 문제로는 식량 문제, 물 부족 문제, 지구 온난화 문제, 에너지 문제 등 여러 가지가 있습니다. 이번 시간에는 환경과 에너지와 관련된 미래의 과학 기술 이야기를 하겠습니다.

심각한 지구 환경 문제

최근 기후와 관련하여 전 세계적으로 관심이 높아지고 있는 게 지구 환경 문제입니다. 근래에 극지방의 빙하가 녹고 있다거나 해수면이 높아지고 있다는 소식이 들려옵니다. 이런 환경 변화의 원인으로 환경 과학자들은 지구 온난화를 꼽고 있습니다.

'지구 온난화'란 무엇일까요?

__ '지구가 따뜻해지는 현상'이오.

그렇습니다. 좀 더 정확하게 말해 '지구의 평균 기온이 올라가는 현상'을 말합니다. 그 원인은 여러 가지가 있을 수 있습니다. 하지만 환경 과학자들은 화석 연료의 과다 사용으로 인해 대기 중의 온실가스의 농도가 높아지고 있기 때문이라고 주장합니다.

'온실가스'란 무엇일까요?

__ '이산화탄소'요.

이산화탄소는 온실가스로 널리 알려져 있죠. 온실가스란 대기의 온도를 높이는 역할을 하는 기체를 말합니다. 온실의 유리는 햇빛을 통과시키지만 온실에서 밖으로 빠져나가는 적외선은 차단하죠. 그래서 온실 안의 온도는 바깥보다 따뜻합니다. 이와 비슷하게, 대기 중의 온실가스는 태양으로부터 오는 빛은 잘 통과시키나 지표에서 복사되는 적외선은 흡수하여 지구 밖으로 빠져나가는 것을 막아서 지구를 따뜻하게 만듭니다.

온실가스는 이산화탄소만이 아닙니다. 수증기와 메탄도 온실가스입니다. 또 냉장고의 냉매로 쓰이던 프레온 가스나 아산화질소도 온실가스입니다. 그런데도 '온실가스=이산화탄소'인 것처럼 인식되고 있는 것은 이산화탄소가 대기 중의 온실가스의 절반 이상을 차지하고 있기 때문입니다.

그런데 온실가스는 해롭기만 한 걸까요?

__그렇지 않나요?

그렇지 않습니다. 온실가스는 지구를 따뜻하게 만들어 지구 상에 생명체가 살 수 있도록 하는 중요한 역할을 해 왔어요. 오늘날 지구의 평균 기온은 약 섭씨 15도입니다. 만약 대기 중에 온실가스가 전혀 없다면 지구의 평균 기온은 섭씨 영하 18도 정도로 낮아질 것으로 예측됩니다. 이 온도는 우리나라에서 한 겨울, 그것도 가장 추운 날의 온도입니다. 이런 온도에서는 모든 것이 얼어붙겠죠? 온실가스가 지구의 평균 온도를 섭씨 33도나 높이고 있는 셈이죠. 그렇다면 온실가스

는 유해한 것일까요, 유익한 것일까요?

__그럼 왜 온실가스를 걱정하는 거죠?

지구의 평균 온도가 올라가기 때문입니다. 지구의 평균 기온이 1~2도만 더 올라가도 문제가 될 수 있습니다.

지구의 평균 기온이 올라가면 지표, 특히 남극 대륙에 쌓여 있던 빙하가 녹아서 바다로 흘러들어갑니다. 그러면 해수면이 높아지겠죠. 또 다른 문제는 바다의 열팽창입니다. 대부분의 액체는 온도가 올라가면 부피가 늘어납니다. 바닷물 역시 온도가 올라가면 부피가 팽창합니다. 이 때문에 바닷물의 수위가 올라가서 해안이 바다에 잠기게 되지요.

지구 온난화 현상이 계속되면 어떻게 될까요? 지구의 평균 온도는 계속 올라가고 우리나라의 평균 온도도 계속 높아져서 결국 아열대나 열대 기후로 바뀌게 되는 걸까요?

__그렇지 않나요?

꼭 그런 것은 아닙니다. 처음에는 온도가 올라가지만 나중에는 오히려 온도가 내려갈 수도 있습니다. 왜냐하면 해류의 흐름이 바뀌기 때문입니다.

대양은 멈춰 있는 것이 아니라 크게 순환하고 있습니다. 태양열을 많이 받는 적도의 대양은 따뜻해지고 극지방의 대양은 차가워져서, 극지방의 차가운 바닷물이 적도 쪽으로 흐르

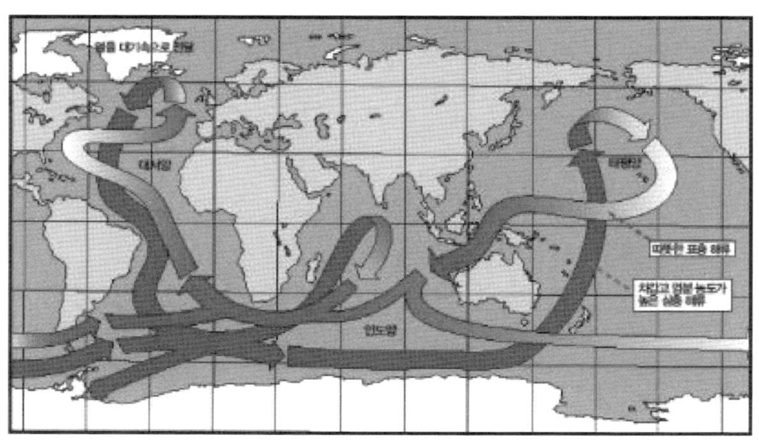

극지방의 찬물과 적도 지방의 따뜻한 물이 섞이는 대양의 대순환

고 적도의 따뜻한 바닷물은 극 쪽으로 흐르는 대순환이 일어납니다. 이런 순환이 기후에 영향을 미치고, 고위도 지방과 적도 지방의 온도 차가 줄어들게 되지요.

예를 들어, 영국과 시베리아는 비슷한 위도에 있는데요, 시베리아는 냉대 기후이지만 영국은 우리나라와 같은 온대성 기후입니다. 그 이유는 북대서양에 따뜻한 난류가 흐르기 때문이지요. 바닷물은 멈춰 있는 듯이 보이지만 해수면과 바닥의 온도 차와 염분 농도 차이 때문에 빠르게 흐르고 있어요. 적도 지역에서 데워진 물이 바닷물의 흐름을 따라 북쪽으로 올라가고 북쪽의 찬물이 적도를 향해 흘러서 열을 순환시키고 있죠.

하지만 지구가 더워지면 적도 가까이에서 영국 북해를 지나 스칸디나비아 반도로 흘러가는 난류의 흐름이 끊겨 따뜻한 바닷물이 북쪽으로 올라가지 못하게 됩니다. 왜냐하면 빙하가 녹아 바닷물의 염분 농도가 낮아지기 때문이죠. 염분 농도가 낮아지면 북극 부근의 바닷물이 가벼워져서 밑으로 가라앉지 못하고, 따라서 적도의 열을 품고 북대서양의 물을 데워 주는 난류가 올라가지 못해요. 해류 순환이 되지 못하는 것이죠. 이 때문에 고위도 지방의 기온은 오히려 내려가서 빙하기가 찾아올 수 있습니다.

에너지 위기와 미래의 에너지

가까운 미래에 인류가 시급히 해결해야 할 과제의 하나는 에너지 문제입니다. 왜 에너지 문제가 시급한 것일까요?

__기름 값이 자꾸 오르기 때문이죠.

__석유가 바닥나고 있어서요.

그렇습니다. 지구의 석유 자원이 고갈되고 있기 때문입니다. 기름값이 불안정한 건 그때그때의 수요 공급과 관련이 있지만, 근본적으로는 자원의 고갈과 관련이 있습니다.

오늘날 우리가 이용하는 가장 중요한 에너지원은 석유와 석탄, 천연가스와 같은 탄화수소 화합물입니다. 이들은 전체 에너지의 70퍼센트가 넘습니다. 이들은 수억 년 전 지구에 퇴적된 유기물에서 생성된 것으로 화석 에너지라고도 불리죠. 문제는 화석 에너지를 100년 넘게 펑펑 써 오다 보니 어느덧 바닥이 드러나고 있다는 것입니다.

에너지는 인류 문명과 더불어 항상 중요한 문제였습니다. 인류는 불의 발견 이후 핵 발전소를 세우기까지 많은 에너지원을 찾아 왔습니다. 현대 도시 문명은 석유라는 거대한 에너지원이 있었기에 가능했습니다. 하지만 화석 에너지 시대

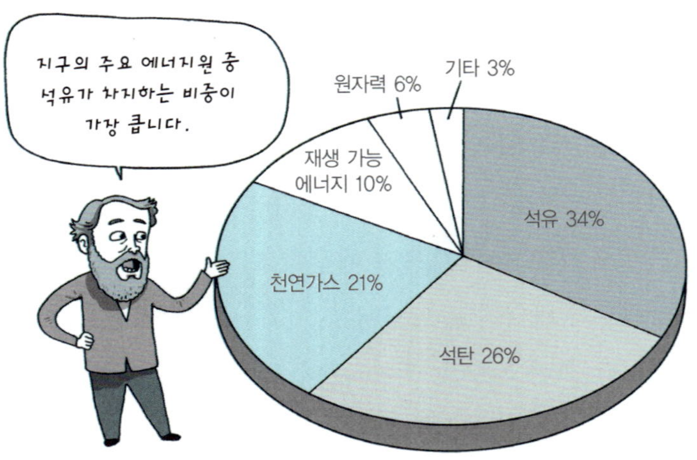

의 종말이 다가오는 만큼, 인류가 지속적으로 생존하기 위해서는 새로운 에너지원의 확보가 시급한 실정입니다.

그리고 에너지를 논할 때 떼어 놓고 생각할 수 없는 것이 기후 문제입니다. 대부분 탄소로 이루어진 화석 에너지는 연소될 때 엄청난 양의 이산화탄소를 방출하여 지구 온난화를 초래한다고 알려져 있기 때문입니다. 오늘날 빙하기 말보다 10배 이상 빠른 속도로 기후 변화가 일어나고 있다는 주장도 있습니다. 따라서 미래의 에너지는 이산화탄소를 가능한 한 적게 배출하거나 전혀 배출하지 않거나, 발생하는 온실가스를 분리해 저장할 수 있는 형태여야 합니다.

화석 연료를 대체할 수 있는 자연의 에너지원으로는 어떤 것이 있을까요?

__태양 에너지요.

__풍력이오.

__원자력이오.

여러 가지 에너지원이 있지만, 분명한 것은 미래에는 환경에 나쁜 영향을 끼치지 않는 에너지원이 각광받을 것이라는 점입니다. 자연은 깨끗하고 재생 가능한 에너지를 만들어 내는 발전소라고 할 수 있습니다. 이런 에너지로는 태양열 · 풍력 · 수력 · 조력 · 지열 에너지 등이 꼽히고 있습니다.

태양 에너지는 가장 환경 친화적인 에너지라고 할 수 있습니다. 태양 에너지는 인류가 인공적인 에너지를 개발하기 전부터 지구에 공급되던 자연 에너지이니까요. 사실 원자력과 조력 에너지를 제외하면 지구상에서 이용 가능한 거의 모든 에너지의 원천은 태양에서 온다고 할 수 있습니다.

태양으로부터 에너지를 얻는 방법은, 물을 데워 난방에 이용하거나 발전을 하는 것입니다. 태양열을 직접 이용하는 방

태양 전지판을 이용한 발전

법으로는 가정용 온수 장치를 들 수 있습니다. 집열기로 태양 열을 흡수하여 데운 물을 순환시켜서 난방을 하는 것입니다.

태양 에너지를 전기로 전환시키는 방법으로는, 태양이 복사한 열에너지를 흡수하여 물을 끓여서 얻은 증기로 터빈을 돌려 발전하는 방법과, 태양 전지판을 이용하여 태양 빛을 직접 전기로 바꾸는 방법이 있습니다.

태양 전지판은 실리콘 결정체의 반도체 소자로부터 직접 전기를 얻도록 해 줍니다. 이 방법은 터빈이나 발전기 없이 햇빛으로부터 직접 전기를 얻을 수 있는 장점이 있습니다. 대부분의 인공위성은 태양 전지를 에너지원으로 사용하고 있으며, 전자계산기, 액정 시계, 카메라 등에도 사용됩니다.

태양 에너지의 장점은, 연료비가 들지 않을 뿐 아니라 태양 에너지의 양이 거대하여 고갈 염려가 없고 환경 오염 물질의 배출이 없는 것입니다. 발전 용량에 신축성이 있고, 발전 시설의 유동성이 있다는 장점도 있습니다. 또, 수명이 길고 자동화로 유지 관리가 용이하며 여러 분야에 적용된다는 점도 장점입니다.

문제는, 태양 에너지 자원은 에너지 밀도가 아주 낮아서 수집하여 이용하는 데 많은 비용이 든다는 것입니다. 지구에 도달하는 태양광 에너지는 인류의 전체 에너지 수요를 감당하기에 충분하지만 태양 에너지를 효율적으로 이용하는 것은 쉽지 않습니다. 게다가 자연 조건에 따라서 출력이 변동한다는 문제도 있습니다. 그리고 태양 전지를 이용하는 경우 태양 전지에 사용되는 반도체 제작 과정에서 환경 오염 물질이 발생하는 문제도 있습니다.

간접적으로 태양 에너지를 이용하는 방법으로 바이오매스가 있습니다. 바이오매스(biomass)란 생물체 에너지 자원을 말합니다. 대표적인 것이 식물입니다. 바이오매스 에너지를 가장 손쉽게 이용하는 방법은 땔감으로 때는 것입니다. 1850년 무렵까지 전 인류가 사용하는 에너지의 90퍼센트가 이런

방법으로 얻어졌습니다. 오늘날에도 저개발 국가에서는 이 방법으로 에너지를 얻고 있습니다.

보다 효과적인 방법은 바이오매스를 가공하여 바이오 연료(biofuel)를 만드는 것입니다. 최근 주목받고 있는 바이오 연료는 바이오매스를 연료로 전환시킨 것입니다. 다시 말해 농작물을 알코올이나 에탄올로 전환시킨 것으로, 휘발유나 경유에 첨가하여 사용할 수 있습니다.

화석 연료가 고갈되어 가면서 가격이 높아지자, 비용이 가장 적게 들면서 가장 빨리 화석 연료를 대체할 수 있는 바이오 연료가 주목을 받았습니다. 하지만 바이오 연료는 또 다른 논란을 불러왔습니다. 바이오 연료를 생산하려다 식량 생산을 위한 경작지와 농업용수의 부족을 초래했기 때문입니다. 바이오 연료 생산이 열대 우림을 훼손하는 자연 파괴로 이어지기도 했습니다. 그리고 바이오 연료는 에너지 효율 면에서도 썩 만족스럽지 않았습니다.

이런 문제들로 인하여 제2세대 바이오 연료가 연구되고 있습니다. 이것은 그동안 식물에서 잘 사용되지 않던 목질 섬유소를 연료로 전환시키는 것입니다. 한 가지 방법은 섬유소 물질을 가스로 전환하였다가 액화하는 것이고, 다른 방법은 미생물을 이용하여 섬유소 물질을 분해하는 것입니다.

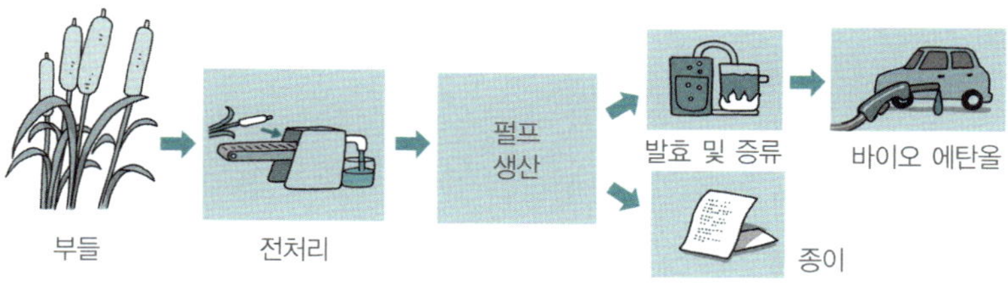

식물(부들)로부터 바이오 연료를 추출하는 예

한편 품종 개량을 통하여 바이오매스를 양적으로 늘리거나 구조를 변화시키는 연구도 이루어지고 있으며, 이른바 에너지 작물이라고 불리는 유용 식물을 개발하는 연구도 진행되고 있습니다. 또, 촉매를 첨가하여 바이오매스의 탄소 형성 과정을 촉진시키는 연구도 추진되고 있습니다.

합성 생물학을 이용하면 바이오매스는 더욱 놀라운 모습을 보여 줄 가능성이 있습니다. 식물의 광합성을 이용해 태양 에너지를 축적하여 메탄이나 수소 등의 에너지로 바꿀 수도 있고, 나무에서 전기를 얻거나 열매에서 석유를 뽑을 수 있는 가능성도 있습니다.

자연에서 얻을 수 있는 또 다른 대체 에너지는 풍력 에너지입니다. 풍력 에너지는 가장 미래가 밝은 재생 에너지의 하나입니다. 풍력 에너지의 근원 역시 태양이며, 풍력 에너지를 이용하는 방법은 바람의 힘으로 거대한 날개를 돌려 발전

을 하는 것입니다. 이미 여러 나라에서 풍력 발전기를 만들어 전력을 생산하고 있습니다.

풍력 에너지의 장점은 대기 오염이나 온실 효과가 없는 청정 에너지라는 것과, 건설 비용이 저렴하고 건설 기간이 짧다는 것입니다. 단점은, 건설 장소가 제한적이고 발전 용량이 유동적이라는 것입니다.

수력 에너지는 19세기부터 사용해 온 에너지로 공해가 없고 연료비가 들지 않는 장점이 있습니다. 수력 에너지를 이용하는 보편적인 방법은 높은 곳에 위치한 하천이나 저수지의 물이 낮은 곳으로 떨어지는 힘을 이용하여 터빈을 돌려 발전을 하는 것입니다. 건설 비용이 많이 들고 건설 지역이 제한되며 발전 용량이 유동적이라는 단점이 있습니다.

조력 에너지 역시 공해가 없고 연료비가 들지 않는 자연 에너지를 이용한다는 장점이 있습니다. 조력 에너지를 이용하는 방법은, 조석이 발생하는 하구나 만을 방조제로 막아 해수를 가두어 조차를 이용하여 발전하는 것입니다. 건설지가 제한되고 조위(조수의 흐름에 따른 해수면의 높이) 변화가 균일하지 않아 발전 용량이 유동적이라는 단점이 있습니다.

지열도 깨끗하고 전망이 밝은 재생 에너지의 하나입니다. 땅속의 열을 이용하여 발전하는 것으로, 발전 방식으로는 천연 증기를 쓰는 방법, 열수를 쓰는 방법, 천연 증기나 열수를 이용하여 다른 액체 증기를 만들어 쓰는 방법 등이 있습니다. 환경 오염이 없고 연료나 증기를 발생시키기 위한 보일러 시설이 필요 없다는 점은 장점이나, 건설 지역이 화산 지역으로 제한되고 발전 용량이 작으며 화산 활동이 잦아들면 발전소가 멈출 수 있다는 단점이 있습니다.

새로운 에너지원의 발굴

새로운 에너지원을 찾는 시도도 이루어지고 있습니다. 오늘날 인류 문명의 주된 에너지원은 석유와 석탄과 천연가스입니다. 그 전에는 어떤 연료를 사용했을까요?

__나무 아닌가요?

그렇습니다. 목탄은 석탄에 비하면 화력이 약할 뿐 아니라 사용량이 늘어나면 산림이 황폐해지는 문제가 있습니다. 새로운 에너지원인 석탄은 더 강력한 에너지원이었을 뿐 아니라 산림을 보호하는 역할도 했습니다. 석탄은 산업 혁명의 에너지원이 되어 산업 혁명을 꽃피우게 했을 뿐 아니라 석유가 등장하기 전까지 인류의 가장 중요한 에너지원이었습니다.

1859년 미국의 한 석유 회사가 석유를 채굴하면서 널리 쓰이기 시작한 석유는 현대 문명의 대표적인 에너지원이 되었습니다. 석유는 액체 연료로도 유용하게 사용되었습니다.

그런데 근래에는 석유와 천연가스의 편리함과 가격 경쟁력에 밀려났던 석탄이 다시 주목을 받고 있습니다. 석탄에서 친환경적인 석유를 뽑아내는 기술이 개발되고 있고, 석유와 천연가스 가격이 꾸준히 오르고 있기 때문입니다. 더구나 석탄의 매장량이 석유보다 몇 배 더 많기 때문에 석유가 바닥나면 석유를 대신할 수도 있을 것입니다.

하지만 미래의 주된 에너지원은 기존의 에너지와는 전혀 다른 새로운 에너지가 될 것으로 보입니다. 산업 혁명의 주된 에너지는 석탄이었고, 20세기 과학 혁명의 주된 에너지는 석유였으니까요. 이 새로운 에너지원은 그동안 인류가 사용하지 않았던 에너지원일 수도 있고, 과학 기술의 힘으로 만들어 낸 새로운 에너지원일 수도 있습니다. 이러한 에너지원으로는 메탄하이드레이트, 수소 에너지, 핵융합을 들 수 있습니다.

메탄하이드레이트는 해저에 묻혀 있는 에너지원입니다. '불타는 얼음'으로 널리 알려져 있죠. 메탄하이드레이트는 깊은 바다 밑에 메탄이 얼음과 같은 형태로 저장되어 있는 것인데, 고체 이산화탄소인 드라이아이스처럼 보이지만 불을 붙이면 활활 타오릅니다.

기체가 고체로 바뀌면 부피가 1/100~1/200로 줄어들므로 매장량이 엄청날 것으로 추정되지만 해저 1000미터 깊이에 있어서 채굴하기가 쉽지 않고, 메탄은 이산화탄소보다 온실효과가 20배 이상 높은 강력한 온실가스이기 때문에 누출 사고가 일어나면 심각한 환경 오염을 일으키게 됩니다.

미래의 에너지로 주목받고 있는 또 다른 에너지는 수소 에너지입니다. 수소는 자연계에서 가장 가벼운 원소이며 우주에서 가장 흔한 원소입니다. 수소를 태우면 에너지를 내고 부산물로 물을 배출합니다. 따라서 온실가스와 같은 환경 오염물을 배출할 걱정이 없습니다.

그런데 수소는 자연에서 홀로 발견되지 않으며 항상 산소나 탄소와 결합된 형태로만 발견됩니다. 예를 들어 물이나 석유와 같은 형태죠. 따라서 수소를 분리해 내려면 에너지를 투입하여야 합니다. 이런 의미에서 수소 에너지는 전기와 같은 에너지 담체(energy carrier) 또는 2차 에너지에 해당합니다. 전기 에너지와 다른 점은 대량 저장이 용이하다는 것입니다. 만약 수소를 따로 분리할 수 있다면 수소는 가장 청정한 궁극적인 에너지 담체라고 할 수 있습니다.

또 다른 문제는 수소를 안전하게 저장하는 것입니다. 수소는 상온에서 기체 상태이므로 부피를 많이 차지할 뿐 아니라 폭발 위험이 있어서 다루기 까다롭고 비용도 많이 듭니다. 따라서 부피를 줄이려면 액화하거나 고체화해야 합니다. 현재 나노 기술을 이용한 나노 저장체를 만들어 수소를 저장하는 방법이 연구되고 있습니다.

수소 에너지를 이용하는 한 가지 방법은 연료 전지입니다. 연료 전지는 연료에 있는 화학 에너지를 이용하여 전기를 만드는 장치입니다. 물을 전기 분해하면 수소와 산소가 만들어지는데, 이것을 거꾸로 하면 수소와 산소를 반응시켜 물과 전기를 만들 수 있습니다. 연료 전지는 수소와 산소의 화학 반응을 이용해서 전기를 만듭니다.

미래에는 연료 전지를 이용하여 집집마다 작은 발전소를 세울 수도 있게 됩니다. 현재 연료 전지를 이용하여 움직이는 자동차도 개발되고 있습니다. 우주 왕복선에서는 수소 연료 전지로 전기를 생산하고 부산물인 물을 승무원의 식수로 사용하고 있습니다.

가장 매력적인 미래 에너지는 핵융합 에너지입니다. 핵융합은 높은 온도와 높은 압력하에서 가벼운 원자핵들이 무거운 핵으로 융합되면서 엄청난 에너지를 방출하는 현상입니

다. 핵융합은 태양과 별의 에너지원으로 화석 연료보다 100
만 배나 높은 에너지를 만들어 냅니다. 태양은 대부분 수소
로 이루어져 있는데 이들이 융합하여 헬륨으로 바뀌면서 줄
어든 질량이 에너지로 방출되는 것입니다.

핵융합 에너지는 핵분열 에너지와는 다릅니다. 핵분열은
우라늄같이 무거운 방사능 원소가 분열될 때 나오는 에너지
를 이용합니다. 핵분열을 이용한 원자력 발전은 전기를 얻는
가장 효율적인 방법의 하나로 지난 수십 년 동안 유용하게 사
용되어 왔습니다. 하지만 이 방식은 유독한 폐기물을 배출시
킨다는 점과 제어 불능 상태에 빠져 엄청난 위험을 초래할 수
있다는 점에서 아직도 많은 논란을 일으키고 있습니다.

핵융합 반응을 연쇄적으로 일으켜 짧은 시간에 폭발에 이
르게 하면 수소 폭탄이 되고, 이를 제어해서 전기를 생산하
면 핵융합 발전이 됩니다. 핵융합 발전은 현재 상용화된 핵
분열 발전과는 달리 아직 상용화되지 못하고 있지만, 핵분열
발전보다 효율이 좋고 공해가 없는 깨끗한 에너지원으로 기
대되고 있습니다.

핵융합 발전은 지구에 작은 태양을 만드는 작업으로, 플라
스마를 초고온 고압 상태로 가두어 두어야 합니다. 플라스마
는 전기를 띤 기체 상태로, 기체의 온도가 수천 도 이상으로

핵융합의 원리
수소 원자핵이 융합하여 헬륨 원자핵이 될 때 감소한 질량이 에너지로 방출된다.

높아질 때 전자들이 원자로부터 떨어져 나가서 전자와 이온이 섞여 있는 상태입니다.

중수소나 삼중 수소 같은 연료 가스를 가열하면 플라스마 상태가 됩니다. 이 상태에서 핵융합이 일어나기 위해서는 초고온 상태로 만들고 초고온의 플라스마를 가둬 둘 수 있는 장치가 필요합니다. 고온의 플라스마를 용기 안에 가두는 대표적인 장치가 토카막입니다. 토카막은 도넛 모양의 진공 용기 안의 플라스마에 전자석으로 강한 자기장을 만들어 플라스마를 가둘 수 있습니다.

만약 핵융합 발전이 상용화된다면, 해수에 존재하는 중수

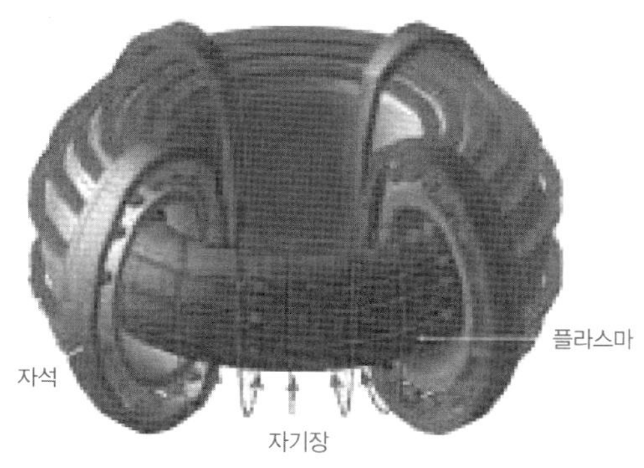

토카막의 원리
토카막은 플라스마 상태의 핵융합 발전용 연료를 담아 두는 용기이다.

소를 원료로 사용하므로 연료 자원 확보에 어려움이 없으며, 더 이상 에너지 고갈을 걱정하지 않아도 됩니다. 핵융합 에너지는 청정 에너지로 화석 연료 사용으로 인한 산성비나 온실 효과의 걱정이 없습니다. 그리고 원자력 발전보다 훨씬 안전하고 핵무기 확산의 걱정도 전혀 없습니다. 한마디로 꿈의 에너지라고 할 수 있습니다. 문제는 아직 성공하지 못하고 있다는 것인데, 2030년대엔 상용화하려고 세계 여러 나라에서 연구 중입니다.

환경을 보호하고 미래를 풍요롭게 하는 기술

새로운 에너지원의 발굴 못지않게 중요한 것은 자원의 효율적인 이용입니다. 자원의 효율적인 이용은 에너지의 효율을 높이고 지구 환경 보호에도 도움이 됩니다.

최근에 주목받고 있는 스마트 기술은 생활을 편리하게 해 줄 뿐 아니라 에너지를 효율적으로 이용하는 기술입니다.

예를 들어 날씨에 따라서 투명해지거나 불투명해지는 유리가 있으면 어떨까요? 투명한 것은 유리의 장점이지만 밖에서도 실내가 보이기 때문에 사생활 보호가 안 되는 불편한 점도 있습니다. 또 다른 문제는 에너지 효율 면입니다. 투명한 유리는 태양빛을 잘 통과시켜 실내를 밝게 하고 실내의 온도를 높여 따뜻하게 해 주지만, 경우에 따라서는 냉방을 위한 에너지 소모를 불러오기도 합니다.

미래에는 스마트 유리가 널리 쓰일 것입니다. 스마트 유리는 전압이 걸리면 빛의 투과성이 변하는 유리입니다. 보통 때는 불투명하다가 전압이 걸리면 액정이 일정한 간격으로 배열되어 투명해집니다. 스마트 유리를 이용하면 여름철에는 햇빛의 투과량을 줄이고 겨울철에는 늘려 집 안 온도를 조절할 수 있고, 밤과 낮에 따라서 투명도를 바꾸어 밖에서 안을 볼 수 없게 할 수도 있습니다. 다시 말해 스마트 유리는 에너지를 절약하면서 사생활 보호까지 해줄 수 있는 편리한 유리입니다.

미래에는 집도 인공 지능을 갖춰 스마트 하우스가 될 것입니다. 스마트 하우스는 에너지를 효율적으로 쓰면서 집을 안락하게 만들어 줍니다. 집 안의 안전과 유지에 관한 모든 일을 편하고 빠르게 처리할 뿐 아니라 건강 진단과 문화 생활까지 가능하게 해 줄 것입니다.

빛 센서가 햇빛의 양을 감지하여 빛의 양을 조절하는 창문 가리개를 작동하고, 외부와 실내의 조명 장치를 작동하여 적절한 조명을 유지하여 줍니다. 열린 문과 창문을 탐지하는 보안 감시 기능이 있어서 외부 침입자를 방지하고, 화재나 가스 누출, 누수 탐지, 정전 탐지 등의 재난 예방 기능도 합니다. 그 밖에 정원에 물을 주거나 동물에게 먹이를 주고, 벽에는 가상 벽화가 걸려 있어서 계절과 주인의 취향에 따라 주기적으로 바꾸어 줍니다. 그리고 이 모든 것을 인터넷에 연결된 컴퓨터나 휴대전화로 원격 제어할 수 있게 될 것입니다.

오늘날의 지구 환경 문제가 모두 화석 에너지 때문만은 아닙니다. 예를 들어 우리가 매일 소비하는 휴지나 인쇄물 등

으로 사용되는 종이 역시 환경 문제를 야기하고 있습니다. 종이는 나무에서 얻는 펄프로 만들어집니다. 이 때문에 엄청난 양의 나무가 벌목되면서 열대우림이 파괴되고 있습니다.

그뿐이 아닙니다. 인쇄된 종이를 재활용한다고 해도 종이에 있는 화학 물질을 제거하는 데 또 다른 환경 오염이 발생합니다. 그리고 재활용할 수 없는 종이 양도 엄청납니다. 버려진 종이들은 분해되는 데 100년 이상 걸리고 분해 과정에서 메탄 가스가 발생합니다.

종이의 사용량이 날로 늘어나고 있는 것도 문제입니다. 하루에 낭비되는 종이의 양은 엄청납니다. 한 사람이 평생 사용하는 종이의 양은 소나무 87그루에 해당되는데, 이 나무 숲을 가꾸는 데 30년이 걸린다고 합니다.

종이로 책을 만들기 시작한 것은 700년 전부터라고 합니다. 만약 종이가 발명되지 않았다면 어떻게 되었을까요?

_책이 없겠죠.

_공부를 안 해도 돼요.

물론 그렇지는 않겠죠? 종이가 처음 만들어진 것은 약 2000년 전으로 고대 이집트에는 이미 파피루스로 만든 책이 있었습니다. 파피루스 풀줄기를 가느다란 띠 모양으로 잘라 서로 엇갈리게 엮은 다음 눌러서 만들었지요.

따라서 종이가 발명되지 않았다 해도 책은 있었을 것입니다. 다만 두껍고 부피가 커서 보관하고 휴대하기가 불편했을 것입니다. 하지만 이 때문에 문명의 발달 속도가 현재보다 훨씬 더디게 이루어졌을 가능성은 있습니다.

미래에는 종이 대신 전자 종이를 많이 사용하게 될 것입니다. 전자 종이는 일종의 화면 표시 장치이며 펄프로 만들어지는 것이 아닙니다.

전자 종이는 투명하고 부드러운 얇은 막에 머리카락 굵기의 플라스틱 알갱이를 넣어 전자적으로 움직이도록 한 것입니다. 얇고 가벼울 뿐 아니라 구부릴 수 있으며, 300만 번 쓰

고 지워도 성능이 유지됩니다. 전자 종이는 일반 종이처럼 글과 그림만 보여 주는 것이 아닙니다. 문자 자료를 음성으로 들려주거나 동영상 자료를 보여 줄 수도 있습니다. 전자 종이는 기존의 종이 책을 대체할 뿐만 아니라 길거리의 대형 전광판, 광고판, 시계 등 다양한 용도로 사용될 수 있습니다.

문제는 일반 종이에 비해 아직 두껍다는 것이지만, 시간이 지나면 해결될 것입니다. 전자 종이의 가장 큰 장점은 지구 환경 보호에 큰 도움이 된다는 것입니다. 전자 종이가 보편화되면 종이의 사용량이 현저하게 줄어들어 환경 보호에 큰 도움이 될 것입니다.

스마트 그리드(지능형 전력망, Smart Grid)

정보 기술을 전력망에 접목하여 전력 공급자와 소비자가 실시간으로 정보를 교환하게 함으로써 에너지 효율을 최적화하는 지능형 전력망을 말한다. 다시 말해, 전기 요금은 전력 수요가 몰리는 시간대에는 비싸고 수요가 적은 시간대에는 싸므로 사용자가 최적의 요금 시간대를 찾아 에너지를 사용하도록 하여 에너지 효율을 최적화하도록 하는 전력망이다.

스마트 그리드를 구축하려면 발전소, 송전·배전 시설, 전력 사용자를 정보 통신망으로 연결하여 정보를 통하여 전력 시스템 전체가 효율적으로 작동하도록 하여야 한다.

스마트 그리드가 구축되면 전력 공급자는 전력 사용 현황을 실시간으로 파악하여 공급량을 탄력적으로 조절할 수 있고, 전력 소비자는 전력 사용 현황을 실시간으로 파악하여 요금이 비싼 시간대를 피하여 사용 시간을 정하거나 사용량을 조절할 수 있게 된다. 또 자동 조정 시스템으로 운영되므로 고장 요인을 사전에 감지하여 정전을 최소화하고, 다양한 전력 공급자와 소비자가 직접 연결되는 체제로 전환되면서 전력 생산이 불규칙한 태양광 발전이나 풍력 발전, 연료 전지 등의 신재생 에너지 활용도가 증대된다. 아울러 태양광 발전과 같이 가정에서 생산되는 전기를 판매할 수도 있게 된다. 이와 같이 신재생 에너지 활용도가 높아지면 화석 연료를 사용하는 발전소를 대체함으로써 온실가스와 오염 물질을 줄일 수 있어서 환경 문제 해소에도 도움이 된다.

선생님, 그런데 앞으로 올 미래는 밝기만 한 건가요? 부정적인 면은 없을까요?
아니죠. 문제점들도 사실 많아요. 식량 문제, 물 부족 문제, 지구 온난화 문제, 에너지 문제 등등. 그래서 에너지 과학 기술이 중요한 거예요.

구체적으로 어떤 문제들이 있죠?
특히 환경 문제의 원인으로 지구 온난화가 있어요. 화석 연료의 사용으로 온실가스의 농도가 높아져 지구의 온도가 높아지는 현상인데 이로 인해 지구의 환경이 많이 바뀌고 있죠.
너무 더워~
이산화탄소

또 화석 에너지원의 고갈 문제가 있어요. 석탄, 석유, 천연가스와 같은 화석 에너지원이 얼마 남아 있지 않기 때문에 대체 에너지의 개발이 시급한 문제가 되고 있어요.
석유값이 엄청 오르겠네요.
이젠 얼마 남지 않았으니까 알아서 해.
석유
석탄
LPG

대체할 에너지원이 있을까요?
다행히 여러 가지 에너지원이 있습니다. 환경에 나쁜 영향을 끼치지 않고 재생 가능한 에너지원들 즉, 태양열·풍력·수력·조력·지열 에너지 등이 대체 에너지로 연구되고 있답니다.
여러 가지 재생 에너지
태양열
풍력
수력
조력
지열

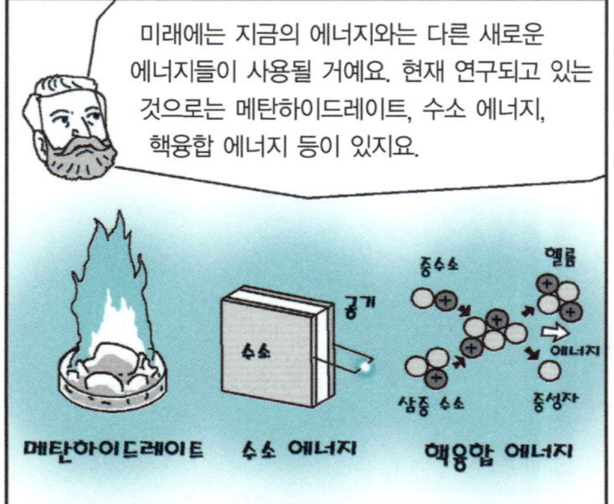
미래에는 지금의 에너지와는 다른 새로운 에너지들이 사용될 거예요. 현재 연구되고 있는 것으로는 메탄하이드레이트, 수소 에너지, 핵융합 에너지 등이 있지요.
공기
수소
중수소
헬륨
삼중 수소
중성자
에너지
메탄하이드레이트
수소 에너지
핵융합 에너지

미래에 사용될 에너지들이 많아서 다행이에요.
네. 하지만 새로운 에너지의 발굴 못지않게 지금 있는 자원을 효율적으로 사용하는 것도 굉장히 중요해요. 자원의 효율적 활용 기술은 환경을 보호하고 미래를 풍요롭게 하는 기술이니까요.

7

편리하고 빠른 **교통** 및 **항공 우주 과학 기술**

우주 개발과 더불어 인류는 새로운 우주 시대를 맞고 있습니다.
달 기지 건설과 우주 관광 시대를 준비하는 노력들에 대해 살펴봅시다.

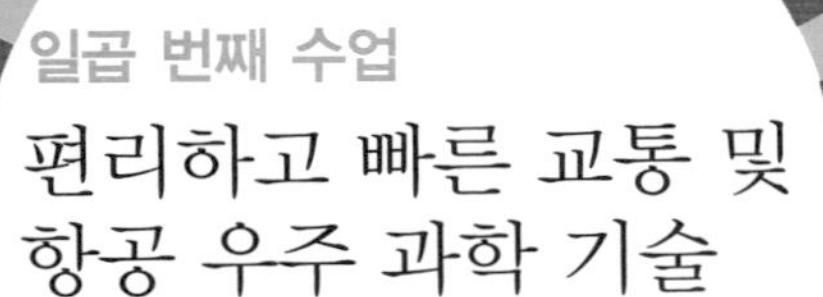

편리하고 빠른 교통 및 항공 우주 과학 기술

교.
과.
연.
계.

초등 과학 5-1	물체의 속력
초등 과학 5-2	에너지
중등 과학 1	힘
중등 과학 2	여러 가지 운동

전기로 달리는 자동차를
타고 온 쥘 베른이 교실 문을 열었다.

이번 시간에는 우리의 미래를 바꾸어 놓을 일곱 번째 과학 기술로서 교통 과학 기술과 항공 우주 과학 기술에 대해서 알아보도록 하겠습니다.

미래의 자동차

오늘날 대표적인 교통 수단은 자동차입니다. 1769년에 최초로 제작된 자동차는 증기 자동차였지만, 1883년에 휘발유

를 사용하는 자동차가 등장한 이후 현재의 자동차는 대부분 휘발유나 경유 같은 화석 에너지를 주 연료로 사용하고 있습니다. 자동차는 매연과 이산화탄소를 배출함으로써 공해와 온실가스의 주범으로 지목받고 있기도 합니다.

미래에는 화석 연료를 사용하지 않거나, 연료 소모가 혁신적으로 적고 이산화탄소를 배출하지 않는 친환경 자동차가 사용될 것입니다. 이런 자동차로는 전기 자동차, 태양열 자동차, 연료 전지 자동차 등이 있습니다.

전기 자동차는 전기로 움직입니다. 이미 전기 자동차가 운행되고 있지만, 가까운 미래에 현재의 내연 기관 자동차들 대부분이 전기 자동차로 대체될 것입니다.

전기 자동차는 어떤 장점이 있을까요?

__기름을 안 넣어도 돼요.

그렇죠. 전기 자동차는 휘발유나 경유를 사용하는 것이 아니라 전기로 움직이니까요. 전기 자동차는 배터리에 축적된 전기로 모터를 회전시켜 바퀴를 움직입니다. 전기 자동차는 장점이 많은데 그중 하나가 연비입니다.

연비가 무엇인지 알고 있나요?

__연료당 주행 거리요.

맞습니다. 사실 휘발유 자동차의 엔진은 매우 비효율적입니다. 왜냐하면 에너지의 15퍼센트 정도만 주행에 사용하기 때문입니다. 전기 자동차는 에너지 효율이 85퍼센트나 됩니다. 주행 중 신호 대기나 교통 체증으로 인해 공회전하는 데 따른 에너지 소모도 없습니다. 기름을 연소시키지 않으므로 매연을 배출하지 않고 시끄러운 엔진 소음도 발생하지 않습니다.

전기 자동차가 본격적으로 사용되면 자동차 관련 산업도 바뀌게 될 것입니다.

뭐가 달라질까요?

__주유소가 없어져요.

그렇죠. 기름을 넣을 필요가 없으니까요. 전기 자동차는 기름 대신 전기를 충전하는데, 충전은 주로 가정이나 주차장에서 하게 될 것입니다. 따라서 현재의 주유소는 대부분 없어지고, 일부만 비상용 전기 충전소로 바뀔 것입니다. 전기 충전소에서는 기름 탱크 대신 비상 충전 시설과 교체용 배터리를 비치해 둘 것입니다.

전기 자동차는 기름을 연소하는 내연 엔진을 사용하지 않으므로 내부 구조도 다릅니다. 따라서 자동차 정비 산업도 엔진 관련 정비 부분은 배터리와 전기 관련 정비로 바뀌게 될 것입니다. 자동차 모델도 엔진 배기량이 아니라 배터리 용량으로 구분될 것입니다.

전기 자동차의 핵심은 배터리 기술입니다. 현재 쓰이고 있는 리튬이온 2차 전지는 에너지 밀도가 높은 장점이 있는 반면에 충전횟수가 적고 폭발 위험이 있습니다. 이를 개선하기 위해 인이나 망간, 바나듐 등의 화합물을 만드는 기술과 나노 기술을 이용하여 충전 효율을 높이는 연구가 이루어지고 있습니다. 또한 리튬이 세계적으로 매우 희귀한 금속이어서 가격이 비싼 데다 전기 자동차 수요가 늘어나면 가격이 더 올라간다는 문제가 있습니다. 이 때문에 리튬보다 값이 싸고 풍부한 아연을 사용하기 위해 연구가 이루어지고 있습니다.

전기 자동차는 이미 시판되고 있지만 아직 널리 확산되지 않고 있습니다. 그 이유는 뭘까요? 주된 원인은, 아직 전기 자동차가 초기의 시험 단계이기 때문에 개선할 점이 많기 때문입니다. 가장 먼저 배터리 충전 시간이 길고 1회 충전으로 주행 가능한 거리가 짧은 점이 개선되어야 합니다. 주행 중에 자주 충전소에 들러야 하고, 충전 인프라가 잘 갖춰져 있지 않으면 도로 주행이 곤란합니다. 자동차값에서 배터리가 차지하는 비중이 너무 높은 것도 문제입니다.

미래의 또 다른 자동차로 연료 전지 자동차를 들 수 있습니다. 연료 전지 자동차는 수소를 연료로 이용합니다. 수소를 태워서 동력을 얻는 것은 아니고, 수소와 공기 중의 산소가 결합하여 물을 만드는 과정에서 발생하는 전기의 힘으로 움직입니다. 이때 자동차 뒤로 매연 대신 물이 배출됩니다.

현재 세계 각국의 자동차 업체들이 연료 전지 자동차 개발에 힘을 쏟고 있습니다. 아직 현재의 자동차 성능에 맞먹는 자동차를 개발하지 못하고 있지만 조만간 문제가 해결될 것으로 보입니다.

미래의 교통 수단

미래에는 보다 빠르고 안락한 교통 수단이 등장할 것입니다. 이들도 자동차와 마찬가지로 무공해, 고효율, 초고속을 지향하고, 화석 연료가 아닌 전기 에너지나 원자력, 태양 에너지 등을 이용하게 될 것입니다.

철도 운송이 본격적으로 시작된 것은 19세기 초입니다. 산업 혁명에서 중요한 역할을 하였던 열차는 계속 빠르게 진화해 왔습니다. 오늘날 우리나라의 KTX, 일본의 신칸센, 프랑스의 테제베(TGV) 등은 시속 200~300킬로미터로 운행되고 있습니다.

미래에는 현재의 고속 열차보다 훨씬 빠른 초고속 열차가 등장할 것입니다. 초고속 열차는 시속 500킬로미터 이상의 속도로 달릴 것입니다. 이 열차는 바퀴가 없으며 레일 위로 10센티미터 정도 떠서 달리는 자기 부상 열차가 될 것입니다. 바퀴식 열차는 바퀴가 미끄러지기 때문에 300킬로미터 이상의 속도를 낼 수 없기 때문입니다. 열차가 바닥에 닿지 않고 공중에 떠서 달리기 때문에 진동에 의한 흔들림이 없고 승차감이 뛰어납니다.

이와 같은 자기 부상 열차는 초전도 현상을 이용하여 구현될 수 있습니다. 초전도 현상이란 일정한 온도 이하에서 전기 저항이 없어지는 현상을 말합니다. 일반적으로 도선에 전류가 흐르면 전류의 흐름을 방해하는 저항이 생깁니다. 이 저항으로 인해 전기 에너지의 상당량이 열로 손실됩니다. 하지만 초전도체는 전기 저항이 없어서 적은 전류로도 강한 자기력을 얻을 수 있습니다.

미래에는 대륙 간을 연결하는 초고속 열차도 등장할 것입니다. 비행기처럼 빠르게 달리는 이 열차는 바퀴가 바닥에 닿으면 마찰열로 녹아 버릴 것이므로 자기 부상 방식으로 추진될 것입니다. 속도가 빨라지는 만큼 공기의 저항은 커지게

되므로, 이를 해결하기 위해 내부를 거의 진공으로 만든 튜브 안에서 움직이게 될 것으로 보입니다.

미래의 도시에는 신소재를 이용한 새로운 교통 수단이 등장하여 도시를 쾌적하고 편리하게 만들 것입니다.

앞의 그림은 미국의 한 회사가 미래의 교통 수단으로 제안한 '스카이트란(SkyTran)'이란 개인용 교통 수단입니다. 미래에는 이와 비슷한 교통 수단이 사용될 가능성이 있어요. '스카이트란'은 자동차처럼 소수의 인원이 탈 수 있는 작은 셔틀로 모노레일처럼 생긴 궤도를 따라 움직입니다. 무인으로 작동하며, 목적지만 입력하면 자동으로 가지요. 400미터 간격으로 정류소가 있고, 시내에서는 시속 160킬로미터, 도시 간에는 시속 240킬로미터로 달릴 수 있어서 자동차보다 빠르고 주차 걱정을 하지 않아도 됩니다.

미래의 항공 기술

하늘을 나는 것은 인류의 오랜 꿈이었습니다. 구름을 타고 하늘을 날아다닌 손오공이나 《아라비안나이트》에 등장하는 하늘을 나는 양탄자는 그런 소망의 표현입니다. 마침내 1903

년에 라이트 형제가 인류 최초의 동력 비행에 성공함으로써 그 꿈은 현실이 되었습니다.

이후 항공 기술은 눈부시게 발전하여 인류의 삶에 커다란 변화를 가져왔습니다. 무엇보다 항공 기술의 발전은 시간과 거리를 크게 단축시켜 주었습니다. 그 전에는 배를 타고 몇 달 동안 가야 닿을 수 있던 거리를 단 하루 만에 갈 수 있게 되었습니다. 비행기를 타고 전 세계 어느 나라든 갈 수 있는 지구촌이 실현되었습니다.

미래에는 항공 분야에서 더욱 획기적인 변화가 예상됩니다. 하늘과 땅을 운행하는 자동차 겸용 비행기가 등장할 것입니다. 이것은 소형 항공기와 자동차를 결합한 새로운 개념의 자동차 내지 항공기가 되겠습니다. 일반 도로에서는 자동차처럼 운행하다가 큰 도로에서는 비행기처럼 이륙하여 비행하고, 다시 착륙하여 자동차처럼 집에 주차할 수 있지요. 여기에는 비행기 자체의 기술뿐 아니라, 개인용 비행기 간에 충돌하지 않고 안전하게 비행할 수 있는 새로운 항공 관제 시스템의 개발이 요구됩니다.

미래에는 지구촌을 반나절 생활권으로 묶어 주는 극초음속 비행기나 우주 여객기도 등장할 것입니다. 미국 항공 우주국(NASA)에서는 음속의 7∼10배에 이르는 극초음속 비행기

극초음속 비행기
음속의 10배에 이르는 빠른 속력으로 비행하여
세계를 1일 생활권으로 묶어 줄 교통 수단이다.

를 연구하고 있습니다. 극초음속으로 비행하려면 해결해야 할 문제가 많습니다. 무엇보다 공기 저항을 줄여야 합니다. 이를 위해서 조종석 앞 유리창을 없애고 카메라와 전자 장치로 외부 시계를 보여 주는 시스템이 연구되고 있습니다. 또, 공기 마찰로 인해 비행기 표면 온도가 섭씨 1000도까지 올라갑니다. 이런 고온에 견딜 수 있는 재료를 개발해야 하고 선체 외부의 열기가 내부로 전달되지 않도록 차단 기술도 개발해야 합니다.

우주 여객기는 공기 저항을 피하기 위해서 아예 지구 대기권을 벗어나 우주에서 음속의 25배로 비행하다가 다시 대기권으로 들어와 지상에 착륙하는 우주 항공기입니다. 이 비행기를 이용하면 인천에서 미국 뉴욕까지 두 시간이면 도착할 수 있게 됩니다. 그렇게 되면 전 세계가 1일 업무권이 될 것입니다.

미래에는 성층권에서 장기 체공하는 비행선이 운영될 것입니다. 성층권은 대류권의 바로 위, 지상 20~50킬로미터 높이의 대기층으로 기상 변화가 일어나지 않습니다. 이 비행선은 지상 20킬로미터 상공에서 장기 체공하면서 지구 관측과 통신 중계 등을 수행하게 될 것입니다. 비행선은 수명이 10년 정도인 인공위성보다 수명이 훨씬 길 뿐 아니라 발사 비용도 수백분의 1 정도밖에 들지 않는 장점이 있습니다.

아직 비행선용 소재 개발과 고효율의 연료 전지 개발 등의 과제가 남아 있지만 머지않은 장래에 해결될 것으로 전망됩니다. 이 경우 매우 저렴한 비용으로 방송 통신 위성이나 지구 관측 위성의 역할을 대신할 수 있을 것으로 전망됩니다.

우주 개발과 더불어 발전된 우주 과학 기술

1957년에 최초의 인공 위성 스푸트니크호가 성공적으로 발사되면서 우주 시대가 열렸습니다. 이후 미국과 구소련의 체제 경쟁 속에 우주 과학 기술은 빠르게 발전했습니다.

우주 과학 기술은 우주 탐사나 우주 여행을 실현하기 위한 기술만은 아닙니다. 우주 과학 기술은 우리 생활에 많은 영향을 미치고 있습니다. 인공위성 기술이나 디지털 영상 기술과 같은 첨단 과학 기술 개발을 이끌었을 뿐 아니라, 전자레인지, 공기 청정기, 심장 제세동기와 같이 생활에 혜택을 주고 있는 기술도 무척 많습니다.

인공위성 기술은 우리에게 많은 혜택을 주고 있습니다. 올림픽이나 월드컵과 같은 스포츠 행사나 각종 경기가 전 세계 어느 곳에서 열리든 실시간으로 시청할 수 있는 것도 인공위성 기술 덕분입니다. 인공위성은 기상 관측이나 재난 감시에도 이용되고, 지구 자원 개발과 정밀 지도 제작에도 활용됩니다. 오늘날 자동차에서 내비게이션은 인공위성에서 제공하는 위치 정보를 이용하지요. 또, 현대전에서는 인공위성을 이용한 정찰과 정확한 위치 정보의 탐지가 매우 중요합니다.

이제 인공위성 없이는 살 수 없는 세상이 되었습니다.

우주 과학 기술은 매우 유용하게 활용될 수 있습니다. 미국 항공 우주국은 우주 탐사를 진행하는 동안 많은 우주 관련 기술을 개발하였습니다.

우주 기술은 무중력, 고진공, 극저온, 극고온 등의 혹독한 환경에서 개발되다 보니 일상에서 매우 유용하게 활용됩니다. 우주복 재료로 개발된 상 변환 재료(PCM)가 들어 있는 기능성 섬유가 그런 예의 하나입니다. 이 섬유로 만든 운동복은 운동 중에는 몸에서 발생한 열을 흡수하고 운동을 하지

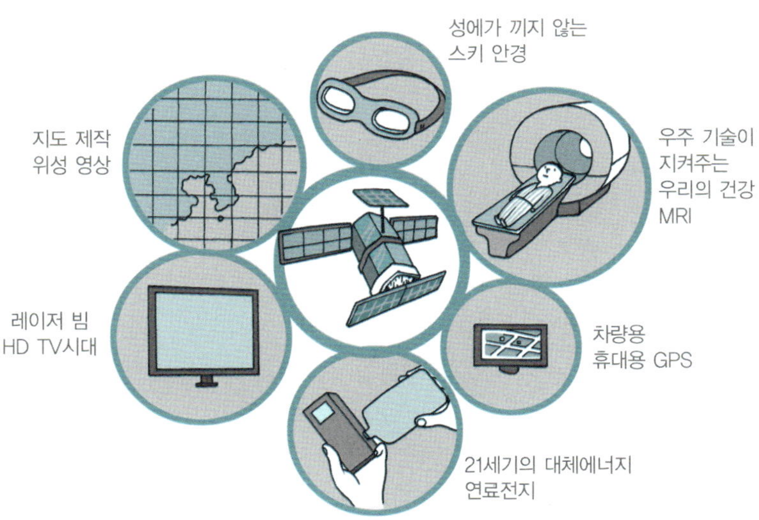

우리의 일상생활 속에 들어온 우주 과학 기술

않을 때는 열을 방출하여 몸을 따뜻하게 유지해 줍니다.

전자 공학 기술을 적용한 지능형 옷은 우주 여행 중인 우주 비행사의 몸의 이상 유무를 자동으로 체크하도록 개발되었습니다. 이 옷은 주변의 환경 조건과 사람의 맥박, 호흡, 체온, 혈압 등에 반응하는 생체 인식 기능과 지능을 갖추었습니다.

지능형 옷은 오늘날 아이나 환자의 이상 유무를 관찰할 수 있은 옷으로 응용되고 있습니다. 집에서 자고 있는 아이를 관찰하는 마마구스 옷이 그런 예인데, 가슴과 배에 감지기가 있어서 아이의 심장 박동과 호흡을 관찰합니다. 아이가 갑자기 숨쉬기를 멈추었거나 이상이 생겼을 경우 알려 줍니다.

우주는 새로운 과학 기술의 시험대

우주는 새로운 과학 기술을 시험하고 개발하는 무대가 될 수 있습니다. 우주는 지구와는 전혀 다른 환경이므로 지구 상에서 구현하지 못했던 분야를 우주에서 효율적으로 연구할 수 있습니다. 중력이 작용하지 않고, 진공이며, 먼지와 균이 없고, 초저온이라는 우주의 환경을 이용하여 그동안 지상에서 만들기 어려웠던 완전히 새로운 재료나 고순도의 제품을 제조할 수 있습니다.

예를 들어 중력의 영향을 받지 않기 때문에 생기는 이점이 많습니다. 전기로나 태양로에 재료를 넣고 가열할 때 재료가 노의 벽에 닿지 않아 벽으로부터 불순물이 혼입되는 것을 막을 수가 있습니다. 또, 밀도가 극단적으로 다른 물질이라도 고르게 섞을 수 있어서 균질한 물질을 얻을 수 있습니다. 이러한 장점은 신약 개발이나 신물질 합성에 이용됩니다.

우주의 무중력 환경은 인류의 생존 기술이나 노화를 연구하는 데에도 도움이 됩니다. 인간의 몸은 지구의 중력에 적응되어 있습니다. 만약 중력이 커지거나 작아지면 우리 몸은 다르게 반응합니다. 우주 공간은 중력이 없거나 작은데, 중력이 약한 곳에서는 심장 박동 수가 줄어듭니다. 근육도 약해지고 뼈의 칼슘도 줄어듭니다. 과학자들은 사람들이 작은 중력 속에서 몸이 쇠약해지지 않고 얼마나 오래 살 수 있는지 연구하고 있습니다. 우주라는 특수 환경에서 발생하는 우주인들의 신체 변화는 노화로 인해 겪는 신체 변화와 유사한 점이 있습니다. 이러한 점에서 우리나라나 선진 각국이 고령사회로 접어드는 시점에서 우주 기술의 중요성이 커지고 있습니다.

우주에서 태양광 발전을 하는 연구도 진행되고 있습니다. 우주에 태양 전지판을 설치하여 전력을 생산한 다음 지구로 전송하는 계획이지요. 우주에 태양 전지판을 설치하면 어떤 장점이 있을까요? 구름이나 비와 같은 기후에 영향을 받지 않고 안정되게 전력을 생산할 수 있답니다.

다가오는 우주 관광 시대

우주로 가는 길은 이미 열려 있습니다. 1961년에 인류 최초로 유리 가가린이 우주선을 타고 궤도 비행에 성공했고, 1969년에는 아폴로 11호가 달에 착륙하였으니까요. 하지만 아직은 일반인이 우주 여행을 하기는 힘듭니다. 천문학적 비용이 드는 데다 우주 여행을 위한 준비가 만만치 않기 때문입니다.

우주 여행은 그동안 선진국 정부에서만 할 수 있는 특별한 것이었습니다. 러시아에서는 소유즈 우주 왕복선을 이용해 1억 달러의 비용을 받고 상업 우주 비행을 해 왔습니다. 하지만 이것은 세계적인 부호를 대상으로 하는 매우 제한적인 우주 여행이었으며 일반인들에게는 불가능한 것이나 마찬가지였습니다.

가까운 미래에는 일반인들도 우주 여행을 할 수 있는 시대가 열릴 것으로 전망됩니다. 이미 민간에 의한 저가의 우주 여행이 현실화되고 있습니다. 영국의 버진 그룹에서는 보다 저렴한 비용으로 우주 여행을 할 수 있는 사업을 추진하고 있지요.

또, 러시아의 한 회사도 2016년까지 지상 347킬로미터 상공의 우주 공간에 우주 호텔을 짓는 계획을 발표한 바 있습니다. 10억 원 정도의 비용으로, 지상에서 적응 훈련을 마친 후 7명 정원의 소유즈 우주선을 타고 우주 호텔로 가서 4박 5일간 머무르게 한다는군요. 우주 호텔에서는 무중력 상태를 즐기며, 맛없는 우주식 대신 지상에서 준비해 간 맛있는 식사를 들며 우주 경치를 감상할 수 있다고 합니다.

만약 우주 여행을 간다면 어디로 가고 싶나요?

__달나라요.

__별나라요.

달나라에 가는 건 지금도 가능하지만, 별나라는 요원해 보입니다. 별이 너무 멀리 있기 때문이죠. 더구나 현재의 과학 기술이나 과학 이론으로는 별까지 가는 데 수만 년이 걸리니 현실적으로 불가능하죠. 물론 기존의 과학 이론을 뒤엎는 새

로운 과학 이론이 나온다면 가능해질 수도 있겠지만.

미래에는 우주로 가는 더욱 쉬운 길이 열릴 것으로 기대되고 있습니다. 기발한 아이디어와 이를 실현할 수 있는 기술이 개발되고 있기 때문입니다. 그런 아이디어 중의 하나가 우주 엘리베이터입니다.

현대의 도시에는 수십 층이 넘는 높은 건물이 많습니다. 높은 건물이 많아지고 있는 것은 땅값이 비싸고 고층 건축 기술이 발달한 때문이기도 하지만, 쉽사리 높은 층으로 올라갈 수 있는 엘리베이터 덕분이기도 합니다. 아무리 높은 건물이라도 엘리베이터만 있으면 올라갈 수 있게 되었으니까요. 그렇다면 엘리베이터를 타고 우주로 올라갈 수는 없을까요?

__안 됩니다.

왜 그렇죠?

__엘리베이터를 끌어올릴 곳이 없잖아요.

한 군데 있습니다. 바로 정지 궤도 위성입니다. 정지 궤도 위성과 지상을 케이블로 연결한 다음 케이블을 따라 엘리베이터를 끌어올리면 됩니다. 정지 궤도는 공전 주기가 지구의 자전 주기와 같은 궤도입니다. 인공위성이 이 궤도를 따라서 돌고 있으면 지구에서 볼 때 정지하고 있는 것처럼 보입니다. 정지 궤도는 적도 상공 고도 3만 5786킬로미터를 지나는

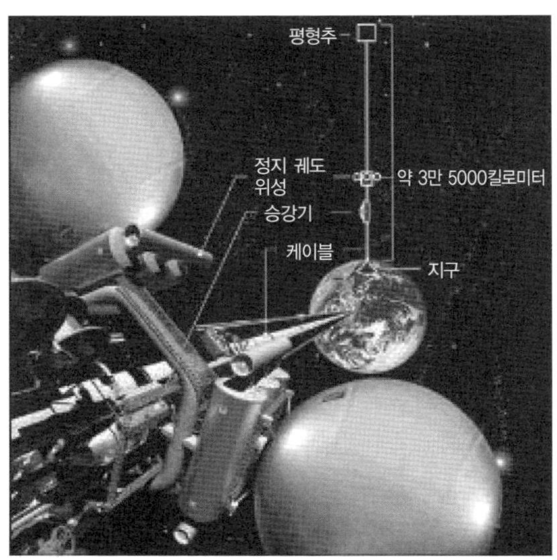

지상과 정지 궤도 위성을 연결하는 우주 엘리베이터

원형 궤도입니다. 현재 정지 궤도는 통신 위성, 방송 위성, 기상 위성 등의 궤도로 많이 이용되고 있습니다.

우주와 지구를 이어 보려는 구상은 오래전부터 있었습니다. 1950년대에 구소련의 과학자가 우주와 지구의 정거장을 밧줄로 연결하는 아이디어를 내놓았습니다. 정지 궤도 위성을 이용해 지구 표면으로 케이블을 늘어뜨리고 반대편에 평형추를 매달아 중심을 잡는 것이지요.

문제는 엘리베이터를 연결할 케이블입니다. 우주 엘리베이터에 사용할 케이블은 강철보다 훨씬 더 튼튼해야 합니다. 미국의 한 회사가 튼튼한 탄소 섬유와 유리 섬유로 케이블을 만들어 실험해 보았습니다만, 300미터밖에 끌어올리지 못했습니다.

최근 이러한 문제를 해결할 수 있는 소재가 발견되어 우주 엘리베이터 계획이 현실로 다가오고 있습니다. 바로 탄소 나노 튜브로, 강철보다 강도가 100배나 강합니다. 우주 엘리베이터가 개발되면, 더 이상 우주 발사체를 타고 올라가지 않아도 됩니다. 마치 엘리베이터를 타고 빌딩을 오르듯 우주에 갈 수 있게 됩니다. 가까운 장래에 정지 궤도에 거대한 우주 전망대를 건설하여 지구에서 우주 엘리베이터를 타고 올라가는 일이 현실화될지도 모릅니다. 그때에는 누구나 쉽게 적은 비용으로 우주에 갈 수 있게 될 것입니다.

미래에는 우주 관광 시대가 열려서 많은 사람들이 달이나 가까운 행성으로 여행할 수도 있게 될 것입니다.

행성 탐사를 위한 달 기지 건설

1969년 7월 20일 인류가 처음 달에 발걸음을 디딘 이후 1972년을 끝으로 유인 달 탐사가 종료되었습니다. 그동안 인류는 태양계의 가장 먼 행성인 해왕성까지 태양계의 모든 행성에 탐사선을 보냈습니다. 행성 탐사는 모두 무인 우주선으로 이루어졌습니다.

21세기에는 달 표면에 우주 기지가 건설될 것입니다. 우주 기술이 급속하게 발전하고 있을 뿐 아니라, 우주 개발에 달을 활용할 필요성이 점점 커지고 있기 때문입니다. 그동안 국제 우주 정거장에서 축적된 우주 생존 기술을 바탕으로 유인 기지를 건설할 수 있을 것입니다. 그리고 1990년대 후반에 이루어진 달 탐사로 달의 남극과 북극 표면 아래 얼음 형태의 물이 있다는 사실이 밝혀졌습니다. 달 기지에서는 달 표면의 얼음을 분해하여 필요한 물과 산소를 얻게 될 것입니다.

달 기지에서는 달의 자원을 활용하여 지구로부터의 물자 수송을 최소화하면서 장기간 생존할 수 있는 기반을 구축하게 될 것입니다. 아울러 핵융합의 원료가 될 수 있는 헬륨(He^3)과 같은 지구에 희귀한 광물을 채취하여 활용할 수 있게 됩니다.

달은 중력이 작기 때문에 새로운 의약품이나 신물질을 합성할 때 균질한 제품을 얻을 수 있는 장점이 있습니다. 유인 달 기지가 건설되면 고품질의 신약, 신물질 등을 대량 생산할 수 있는 체제가 구축될 수도 있을 것입니다.

21세기에는 화성에도 인간이 발을 디디게 될 것입니다. 화성은 태양계 내에서 지구 다음으로 인간이 거주할 수 있는 가장 유력한 행성으로 꼽히고 있습니다. 화성은 지구에서 가장 가까운 행성일 뿐 아니라 사계절이 비교적 뚜렷합니다. 또 지표면 아래 생명체에 필수적인 물과 얼음이 있는 것으로 추정되고 있습니다.

이때 달은 행성 탐사를 위한 기지로 활용될 수 있습니다. 달은 중력이 지구의 1/6에 불과하고, 달에 존재하는 메탄 가스 등을 추진 연료로 쓸 수 있기 때문입니다. 달은 또한 다른 행성을 유인 탐사하기 위한 전진 기지로도 활용될 수 있을 것입니다.

지구의 자원은 바닥나고 있습니다. 태양계 개발을 통해 다른 행성이나 위성의 자원을 이용하는 길도 열리게 될 것입니다. 예를 들어 지구에 부족하거나 희귀한 자원을 화성이나 소행성, 또는 다른 위성에서 채취하여 지구로 가져올 수도 있고 우주선에 필요한 연료로 활용할 수도 있을 것입니다.

우주를 향해 나가는 인간

인류는 태양계 너머 가까운 이웃 별을 향한 탐사를 시작하

게 될 것입니다. 별은 너무 멀리 있기 때문에 인간 대신 로봇 탐사선을 보내게 될 것입니다.

이미 외행성 탐사선인 보이저 1호와 2호는 1998년에 태양계의 가장 바깥 행성인 해왕성을 넘어 태양계 밖으로 항해를 계속하고 있습니다. 보이저호는 컴퓨터에 의해 조종되는 로봇 탐사선입니다. 보이저호에는 두 대의 사령 컴퓨터가 있어서 우주 비행에 필요한 작업이 프로그래밍되어 있습니다. 고장이 발생하면 자동으로 고장을 진단할 수도 있습니다. 보이저호가 태양에서 가장 가까운 별까지 가는 데에는 4만 년이 걸립니다.

우주 과학자들은 은하계 내의 먼 항성들이나 다른 은하를 탐험하는 무인 로봇 탐사선을 계획하고 있습니다.

과학 소설에서는 블랙홀을 이용해 다른 은하로 여행하거나, 우리가 살고 있는 3차원이 아닌 고차원 공간으로 들어갔다가 다시 3차원으로 돌아오는 방법 등 기발한 이야기가 등장합니다. 하지만 이건 어디까지나 상상일 뿐입니다.

현재로서는 사람이 타지 않은 로봇 탐사선을 이용해 수만 년 동안 행성 사이를 여행하는 길밖에 없습니다.

인간은 유사 이래 우주를 탐구해 왔습니다. 인간은 왜 우주를 탐사할까요?

__우주에 대한 호기심 때문이 아닌가요?

__우주를 개발해서 이용하려고요.

두 가지 대답이 모두 맞겠죠? 우주 탐사는 과거에 유럽인들이 신대륙을 발견했던 것과 같이 인류의 미래를 여는 신천지를 보여 줄 수도 있을 것입니다. 경우에 따라서는 수명이 다한 지구 대신 우리 후손들이 살아갈 새로운 안식처가 되어 줄 수도 있겠죠.

인간이 우주를 탐사하는 이유는 생명이 지닌 본성 때문일지도 모릅니다. 지구의 최초의 생물은 바다에서 생겨났습니다. 그 후 바다에서 번성하던 생물들 중 일부가 다리가 생겨서 육지로 상륙하였습니다. 그리고 일부 생물들은 앞다리가 날개로 바뀌어 하늘을 날게 되었습니다. 지구의 생명체는 언제나 비어 있는 틈새(niche)로 나아가 차지하고 거주해 왔습니다.

마찬가지로, 지구라는 행성을 온전히 차지한 인간은 지구를 떠나 비어 있는 공간인 달을 향해 나아가고, 그다음에는 태양계의 모든 행성과 위성들을 향해 나아갈 것입니다. 그리고 아주 먼 훗날에는 은하계의 모든 별들과 우주의 모든 은하를 향해 나가게 될 것입니다.

그때는 아마 수많은 다른 생명체를 만나고, 우리 지구를 닮

은 제2의 지구를 발견하게 될지도 모릅니다. 그곳에서 우리
는 우리와 다른 인류 또는 고등 생명체를 만나게 될지도 모릅
니다.

만화로 본문 읽기

와~, 이게 미래의 교통 수단이 될 자기 부상 열차군요. 선생님, 미래의 교통 수단은 어떻게 변할까요?
후후, 궁금한가요? 그럼 미래의 교통 수단은 어떻게 변하게 될지 얘기해 보죠.

미래에는 전기로 움직이는 전기 자동차나 수소를 이용한 연료 전지 자동차가 보편화될 거예요. 그래서 공해도 없고 에너지 효율도 높은 자동차들이 거리를 누비게 될 겁니다.
그거 멋있겠네요.
우리는 석유 걱정도 없고 공해도 없다고!
전기 자동차
수소 자동차

다른 교통 수단은 어떨까요?
지금 우리가 타고 있는 자기 부상 열차는 바퀴 없이 자석의 힘으로 10센티미터 정도 떠서 시속 500킬로미터 이상의 속도로 달릴 수가 있어요. 이런 자기 부상 열차나 개인용 셔틀도 사용되겠죠.
난 바퀴가 없어서 마찰이 없기 때문에 빨리 달릴 수가 있지.

그럼 비행기는요?
아마 하늘과 땅에서 운행하는 자동차 겸용 비행기도 등장할 것이고, 지구촌을 반나절 생활권으로 묶어 주는 극초음속 비행기나 우주 여객기도 등장하게 될 거예요.
자동차 겸용 비행기
극초음속 비행기

우주 과학 기술도 많이 발전하겠네요.
네. 우주 과학 기술이 발전하여 우주 관광은 물론 우주 태양광 발전과 달 기지 건설 등이 실현될 겁니다.

더불어, 우주 과학 기술이 이미 인공위성 기술이나 디지털 영상 기술과 같은 첨단 과학 기술의 개발을 주도했듯이 우리 생활에 필요한 여러 가지 과학 기술에도 사용될 거예요.
우주 과학 기술이 꼭 우주 여행에만 필요한 것은 아니었군요.
우리 생활 속의 우주 기술
스키 안경
인공위성
MRI
연료 전지
HD TV

과학 소설의 아버지, 쥘 베른 Jules Verne, 1828~1905

　쥘 베른은 프랑스 최초의 과학 소설가이자 모험 소설가입니다. 프랑스의 항구 도시 낭트에서 태어난 베른은 《로빈슨 크루소》와 같은 모험 소설을 즐겨 읽으며 모험가의 꿈을 꾸었습니다.

　베른은 열두 살 때 부모님 몰래 상선의 사환이 되어 대서양으로 떠나는 모험을 감행하기도 했는데, 뒤늦게 이 사실을 안 아버지에게 다음 항구에서 붙들려 집으로 돌아와야 했습니다.

　베른은 중학교를 마치고 아버지의 뜻에 따라 파리에서 법률 공부를 했으나, 변호사에는 별로 뜻이 없었고 문학에 심취하였습니다. 졸업 후 사업가가 되어 분주하게 일하면서도 틈틈이 시와 희곡을 써서 발표했습니다.

베른은 서른네 살 때(1862) 파리에서 세계 최초의 기구를 실험하게 되었습니다. 과학에 대해서도 흥미를 가지고 있었던 베른은 기구에 관한 자료를 조사하던 중 타고난 상상력을 발휘하여 《기구를 타고 5주일 동안》이라는 과학에 바탕을 둔 모험 소설을 써서 호평을 받았습니다.

이어서 《지구 속 여행》(1864)을 발표하였는데, 이 책 역시 인기를 끌어서 인기 작가가 되었습니다. 베른은 40년 동안 50여 편의 과학 모험 소설을 썼으며, 다른 주요 작품으로는 《지구에서 달까지》(1865), 《달나라 여행》(1869), 《해저 2만 리》(1870), 《80일간의 세계 일주》(1872) 등이 있습니다.

베른은 과학 소설의 선구자로서, 그의 작품에 등장하는 비행기나 잠수함, 로켓 등은 소설이 발표된 뒤에 고안되고 발명되었습니다. 이것은 우연이 아닙니다. 베른의 과학 소설은 상상과 공상 외에 과학에 그 바탕을 두고 있었기 때문이지요.

베른은 과학자처럼 연구심이 강하여 도서관과 박물관을 다니며 학계의 전문 잡지를 충분히 조사한 다음 글을 썼습니다. 이처럼 과학에 바탕을 두고 있었기 때문에 독자들의 흥미를 불러일으켰고, 미래의 과학 기술을 올바로 예측할 수 있었던 겁니다.

과 학 연 대 표

언제, 무슨 일이?

과학사
세계사
아보가드로 가설(1811)
1800
발효 작용의 원리 발견(1857)
찰스 다윈
《종의 기원》 출간
1859
노벨, 다이너마이트의 발명
(1866)
제임스 맥스웰
전자기파 이론 확립
1864
자동차 발명(1889)
이바노프스키
담배모자이크 '바이러스' 발견
1892
프로이트, 《꿈의 해석》(1900)
양자역학의 성립
1925

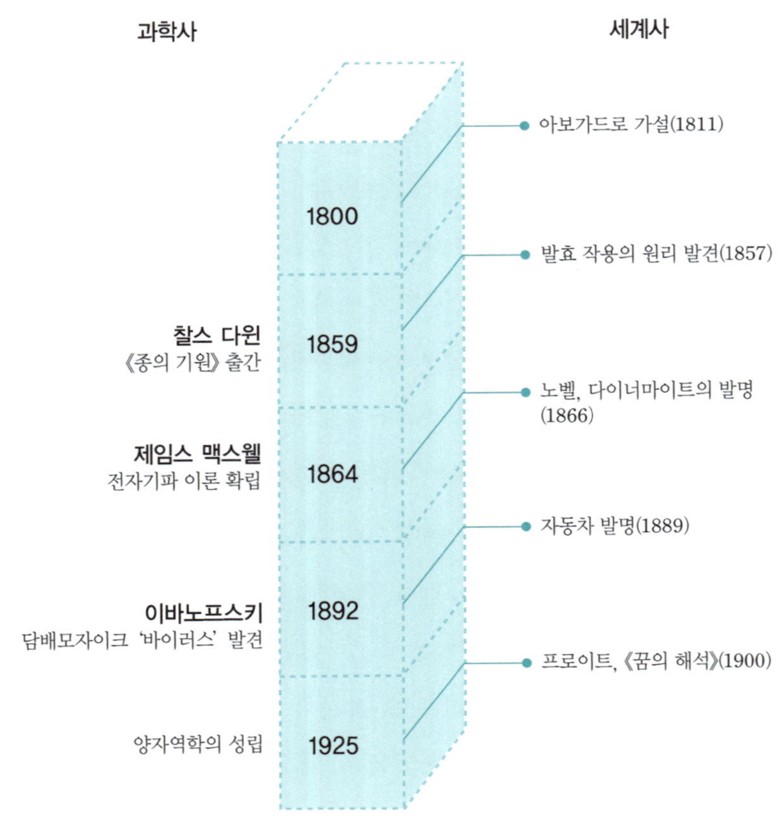

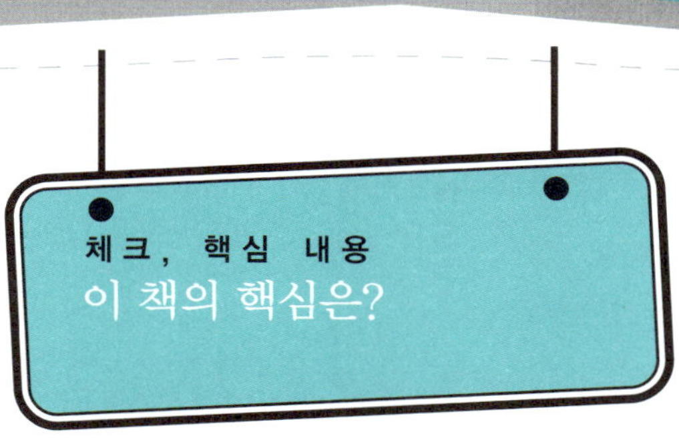

1. □□은 사물이나 자연 현상의 규칙성을 발견하는 것이고, □□은 이러한 규칙성을 이용하여 유용한 어떤 것을 만드는 것입니다.

2. □□ 과학 기술은 나노미터 크기 수준에서 물질을 만들고 이해하는 과학 기술입니다.

3. □□ 과학 기술은 정보를 가공하거나 저장하고, 또 전송하거나 수신하는 정보 유통 과정에서 사용되는 일체의 과학 기술입니다.

4. □□ 과학 기술은 생명 현상을 이해하고 인류와 관련된 생물학적 문제를 해결하기 위한 과학 기술입니다.

5. □□ 과학 기술은 지구 환경 보존과 개선을 위한 과학 기술입니다.

6. □□ □□ 과학 기술은 하늘을 날고 또 우주를 향해 나가고자 하는 인류의 염원을 담고 있는 과학 기술입니다.

7. □□ 과학 기술은 인간의 대리자로서 인간의 역할이나 기능을 대신해 줄 인조 인간을 실현하는 과학 기술입니다.

8. □□ 과학 기술은 서로 다른 과학 기술 간의 상승적인 결합을 통하여 새로운 제품이나 서비스를 창출하는 과학 기술입니다.

1. 과학, 기술 2. 나노 3. 정보 4. 생명 5. 환경 6. 우주 항공 7. 로봇 8. 융합

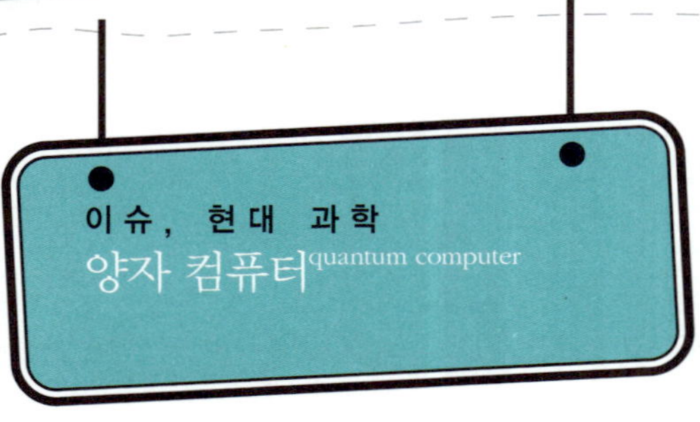

　양자 컴퓨터는 물리학자 리처드 파인만이 제안한 양자 물리학의 원리에 따라 작동되는 미래형 첨단 컴퓨터입니다. 이는 원자 이하의 차원에서 일어나는 입자의 움직임에 기반을 두고 계산이 수행되며, 슈퍼컴퓨터의 한계를 뛰어넘는 빠른 연산을 할 수 있습니다.

　고전 물리학에 바탕을 둔 현재의 컴퓨터는 모든 데이터가 비트(bit), 다시 말해 0 또는 1로 표현됩니다. 하지만 원자보다 작은 세계에 적용되는 양자 역학의 중첩 원리를 이용하면 0이면서 동시에 1이 될 수 있습니다. 양자 컴퓨터는 비트 대신 큐비트(Qubit)를 사용합니다. 이 원리를 정보 처리에 이용하면 기존 컴퓨터보다 훨씬 효율적으로 계산을 수행할 수 있습니다. 다시 말해, 기존의 컴퓨터가 한 번에 한 단계씩 계산을 수행하는 데 비해 양자 컴퓨터는 한 번에 여러 계산을 동시에 수행하게 됩니다.

이와 같은 병렬 처리가 가능해지면 기존의 방식으로 해결할 수 없었던 많은 문제들을 해결할 수 있게 됩니다. 지금의 슈퍼컴퓨터로도 풀 수 없는 복잡한 영역의 연구에 이 컴퓨터를 이용할 수 있을 것으로 기대됩니다. 예를 들어 129자리 수를 소인수분해하는 데 1600대의 컴퓨터로 8개월 걸리던 걸, 양자 컴퓨터로는 몇 시간 만에 해결할 수 있습니다.

양자 컴퓨터에 대한 연구는 전 세계에서 활발하게 진행되고 있으며 실현 단계에 와 있습니다. 지난 2011년 5월에 캐나다의 디웨이브 시스템즈(D-Wave Systems)사는 12년 동안의 연구 개발을 거쳐 세계 최초의 상용 양자 컴퓨터 디웨이브원(D-Wave 1)을 출시했습니다.

디웨이브원은 128큐비트 프로세서가 장착된 양자 컴퓨터로, 시장에 내놓은 지 한 달 만에 세계 최대 방위 산업체인 록히드마틴에 1000만 달러에 판매되었습니다. 이제 양자 컴퓨터 시대가 눈앞에 다가와 있습니다.

수학자가 들려주는 수학 이야기 (전 88권)

차용욱 외 지음 | (주)자음과모음

국내 최초 아이들 눈높이에 맞춘 88권짜리 이야기 수학 시리즈! 수학자라는 거인의 어깨 위에서 보다 멀리, 보다 넓게 바라보는 수학의 세계!

수학은 모든 과학의 기본 언어이면서도 수학을 마주하면 어렵다는 생각이 들고 복잡한 공식을 보면 머리까지 지끈지끈 아파온다. 사회적으로 수학의 중요성이 점점 강조되고 있는 시점이지만 수학만을 단독으로, 세부적으로 다룬 시리즈는 그동안 없었다. 그러나 사회에 적응하려면 반드시 깨우쳐야만 하는 수학을 좀 더 재미있고 부담 없이 배울 수 있도록 기획된 도서가 바로 〈수학자가 들려주는 수학 이야기〉 시리즈이다.

★ 무조건적인 공식 암기, 단순한 계산은 이제 가라! ★

- 〈수학자가 들려주는 수학이야기〉는 수학자들이 자신들의 수학 이론과, 그에 대한 역사적인 배경, 재미있는 에피소드 등을 전해 준다.
- 교실 안에서뿐만 아니라 교실 밖에서도, 배우고 체험할 수 있는 생활 속 수학을 발견할 수 있다.
- 책 속에서 위대한 수학자들을 직접 만나면서, 수학자와 수학 이론을 좀 더 가깝고 친근하게 느낄 수 있다.